絶滅の人類史

なぜ「私たち」が生き延びたのか

更科 功 Sarashina Isao

はじめに

ある国に王様と家来がいた。王様はいつも美味しいものを食べていたが、家来はそうはいかない。美味しいものがたくさんあるときはよいのだが、少ないときは、王様が美味しいものを全部食べてしまう。だから家来は、不味(まず)くても好き嫌いせずに、何でも食べなくてはならなかった。

王様は立派な宮殿に住んでいた。ときどき旅行はするが、そのときも整備された道路を通って快適な別荘に行くぐらいである。でも、家来はそうはいかない。王様にキリンが見たいと言われれば、暑いアフリカに行ってライオンと闘いながら捕まえてこなくてはならない。コウテイペンギンを飼いたいと言われれば、寒い南極まで出かけなくてはならないのだ。

王様はいつものんびり暮らしている。でも、家来はそうはいかない。国の財政を管理するために経済学を勉強しなくてはならないし、他国とつきあうために外国語も習わなくてはいけないからだ。

考えてみれば、人類はこの家来にちょっと似ている。そしてチンパンジーやゴリラなどの類人猿は、この王様に似ていないだろうか。類人猿は森林という宮殿に住んでいる。森林には食べ物が多く、肉食動物に襲われる危険も少ない。でも初期の人類は、木がまばらにしか生えていない疎林や草原で暮らしていた。森林に比べれば食べ物も少ないし、肉食動物に襲われる危険もいっぱいだ。そこで生き残るためには、ぜいたくを言わずに何でも食べなければならないし、いろいろと工夫もしなければならない。では、どうして人類は森林から、こんな不便で危険なところに出てきたのだろうか。

いや、この国の家来だって、家来になりたくて家来になったわけではないのだ。本当は王様になりたかったのだ。でも、王様より力が弱いし、ケンカをしたら勝てなかった。だから、泣く泣く家来になったのだ。

きっと人類だって、ずっと森林に住んでいたかったのだ。でも、アフリカで乾燥化が進み、森林が減ってしまった。そのとき、力が弱くて木登りが下手だった人類の祖先は、類人猿に負けて森林から追い出されたのだろう。そして、追い出された私たちの祖先のほとんどは、おそらく死んでしまったに違いない。なにしろ疎林や草原は、不便で危険な場所なのだから。

でもその中で、生き残った者がいた。なんでも食べられてどこでも生きていける者が、かろうじて生き残った。私たちの祖先は弱かったけれど、いや弱かったがために、類人猿にはない特徴を進化させて、生き残った。その末裔が、私たちホモ・サピエンスだ。この本は、そんな私たちの祖先の物語である。

一言つけ加えておくと、この本はラッキーだったと思う。それは出版のタイミングだ。ここ数年における、放射性炭素による年代測定法の精度の向上や試料の前処理の検討によって、人類の化石や遺跡の年代が大幅に修正されたからだ。この修正によって変化したのは、単なる年代だけではない。私たちとネアンデルタール人の関係など、人類史における重要なテーマも、解釈し直されることになったのだ。出版のタイミングのおかげで、この本にはそういう新しい成果を盛り込むことができた。

それでは、私たちの祖先の物語を始めることにしよう。

絶滅の人類史——なぜ「私たち」が生き延びたのか　目次

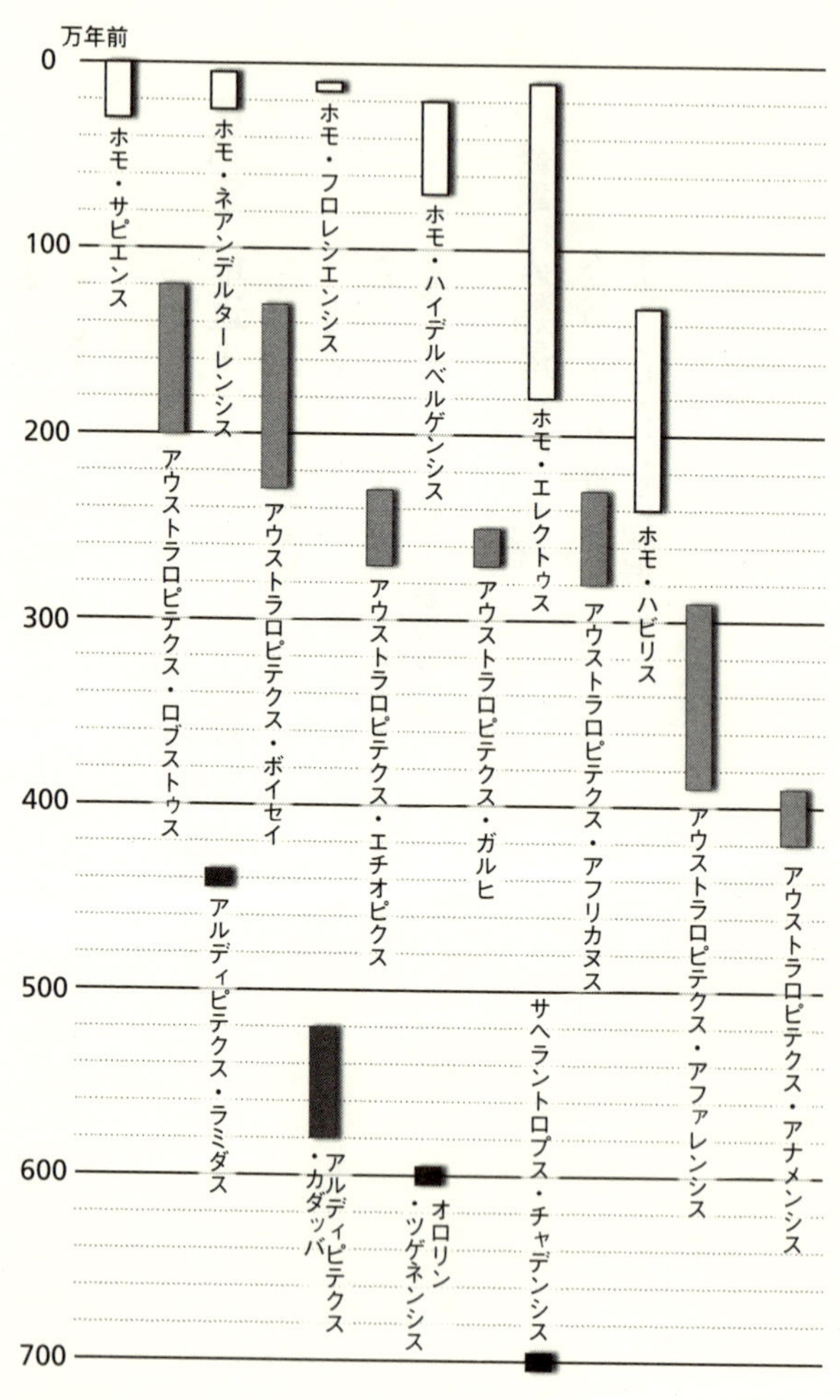

万年前
0
100
200
300
400
500
600
700
ホモ・サピエンス
ホモ・ネアンデルターレンシス
ホモ・フロレシエンシス
ホモ・ハイデルベルゲンシス
ホモ・エレクトゥス
ホモ・ハビリス
アウストラロピテクス・ロブストゥス
アウストラロピテクス・ボイセイ
アウストラロピテクス・エチオピクス
アウストラロピテクス・ガルヒ
アウストラロピテクス・アフリカヌス
アウストラロピテクス・アファレンシス
アウストラロピテクス・アナメンシス
アルディピテクス・ラミダス
アルディピテクス・カダッバ
オロリン・ツゲネンシス
サヘラントロプス・チャデンシス

主な人類

序章　私たちは本当に特別な存在なのか

人間は特別な存在か

人間と人間以外の生物のあいだには、大きな溝（みぞ）が横たわっている。私たち人間は、イヌやネコに比べれば体毛が少なく、見た目は肌がツルツルだ。言葉も話すし、飛行機にも乗れるし、難しいことだって考えられる。明らかに、他のすべての生物とはまったく違う。人間は特別な存在なのだ。これが、ほとんどの人が抱いている素直な感覚だろう。

このような感覚は、時代や地域が異なっても、人々に共有されていたようだ。150年前のイギリスでも、この感覚に、かのダーウィンは苦労していた。ダーウィンが『種の起源』を書いて進化論を提唱したとき、多くの人々から批判を受けたのだ。

ダーウィンの主な主張は次の3つにまとめられる。(1)生物は進化すること、(2)進化によって種分化が起きること、(3)自然選択が進化のメカニズムであること、の3つである。これらの主張のどこが、多くの読者を不快にさせる地雷だったのだろうか。

「(1)生物は進化する」のだから、カエルは魚から進化したのだと言われて、強い違和感を覚える人は少ないだろう。「(2)進化によって種分化が起きる」のだから、サイの共通祖先からクロサイとシロサイが進化したと言われて、目くじらを立てる人はあまりいないのではないか。「(3)自然選択が進化のメカニズムである」から、走るのが遅いシカは減って、走るのが速いシカが生き残ると言われたら、ほとんどの人は納得するだろう。ではダーウィンは、どうして批判されたのだろうか。

それは多くの人々が、ダーウィンの主張を人間に当てはめたからだ。そして、人間がサルから進化するさまを、頭の中に思い描いたからだ。人間とサルを連続的な存在と考えることに我慢ができなかったのである。

こういう反応をする人がたくさんいることを、ダーウィンは予想していた。そのため『種の起源』では、ほとんど人間の進化については述べていない。ほんの数ヶ所だけ、人間の眼や骨盤などについての言及はあるが、それだけだ。人間がサルの仲間から進化したなんて、どこにも書かれていない。

それでもやはり、多くの人の目は、人間の進化に向いてしまった。もちろん一部の専門家による批判は、自然選択など『種の起源』の理論的な内容にも及んでいた。しかしほとんどの読者は、人間とサルとの連続性、つまり人間の先祖がサルであることが受け入れられない感覚からダーウィンを攻撃したのである。

人類は何種もいた

では、人間は本当に特別なのだろうか。特別だとすれば、どこが特別なのだろう。脳が大きく文化や文明を生み出したこと、直立二足歩行をすること、複雑な言葉を話すことなど、すぐに思いつくことがいくつかある。だが、それらについてはあとで考えることにして、まずはもっと根本的な問題について考えてみよう。それは系統の問題だ。

人間は生物学的な種としては、学名をホモ・サピエンス、和名をヒトという。ヒトにもっとも近縁な生物は、大型類人猿である。大型類人猿には、チンパンジー、ボノボ、ゴリラ、オランウータンが含まれる（単に「類人猿」と言う場合は、大型類人猿の他に、テナガザルの仲間も含まれる）。ゴリラはヒガシゴリラ（ヒガシローランドゴリラとマウンテンゴリラの2亜種が含まれる）とニシゴリラ（ニシローランドゴリラとクロスリバーゴリラの2亜種が含まれる）の2種に、オランウータンはスマトラオランウータンとボルネオオランウータンと201

7年に発見されたタパヌリオランウータンの3種に、それぞれ分けられるので、大型類人猿は全部で7種いることになる。

現生の大型類人猿すべての共通祖先は、およそ1500万年前に生きていたと考えられている。そこからまずオランウータンの系統が分かれ、次にゴリラの系統が分かれた。さらにそのあとでチンパンジーの系統とヒトの系統が分かれたが、それは約700万年前のことだと推定されている。チンパンジーの系統では約200万年前~約100万年前に、チンパンジーに至る系統とボノボに至る系統が分岐した。

今のところ知られている最古の化石人類は、約700万年前のサヘラントロプス・チャデンシスである。チンパンジーに至る系統とヒトに至る系統が分岐した直後の、ヒトに至る系統に属する種と考えられている。このサヘラントロプス・チャデンシスも含めて、化石人類は25種ぐらい見つかっている（この種数は、研究者の解釈によって異なってくる。また、発見された化石は、過去に生きていた化石人類のほんの一部と考えられるので、実際の種数はもっと多いだろう）。これらの化石人類すべてと現生のヒトをまとめて、人類という。つまり、チンパンジーに至る系統とヒトに至る系統が分岐してから、ヒトに至る系統に属するすべての種を、人類と呼ぶのである（日常会話で使う「人類」とは少し意味が違う）。現在生きている私たちヒトは、25種以上いた人類の、最後の種ということになる。

それとは反対に、ヒトに至る系統とチンパンジーに至る系統が分岐してから、チンパンジーに至る系統に属するすべての種を、チンパンジー類と呼ぶことにしよう。こちらの系統にも多くの種がいたと考えられるが、現在生きているチンパンジーとボノボは、チンパンジー類の最後の2種ということになる。

みんな絶滅してしまった

仮に、あなたは走るのが速い人だったとしよう。おそらく、運動会の徒競走で1番になれる。でも、あなたは、わずかな差でギリギリで1番になっても満足できない。圧倒的な差をつけて、堂々と1番になりたい。とはいえ、いくら練習をしても、2番手、3番手の選手との差は、そう簡単に開くものではない。そんなとき、あなたはいいアイデアを思いついた。2番手や3番手の選手に頼んで、運動会を休んでもらえばよいのだ。いやせっかくだから、25番手ぐらいまでの選手には、みんな休んでもらおう。そうすれば、あなたと一緒に徒競走に出るのは、26番手以下の選手だけだ。これなら圧倒的な差をつけて、1番になることができるに違いない。実際、この計画はうまくいった。あなたは圧倒的な差をつけて、堂々と1番になることができた。さて、あなたが圧勝できた理由は2つにまとめられる。1つは、あなたの足が速かったこと。もう1つは、2番手から25番手の選手が運動会を休んでくれたことだ。

冒頭で「人間と人間以外の生物のあいだには、大きな溝が横たわっている」と述べた。現在、人間、つまりヒトと一番近縁な生物はチンパンジーとボノボである。そこで、この文は、「ヒトとチンパンジーのあいだには大きな溝が横たわっている」と書き直すこともできる。ヒトとチンパンジーは大きく違うのだ。ヒトは圧倒的に特別なのだ。

ヒトが圧倒的に特別である理由は2つにまとめられる。1つは、ヒトが生物として変わった特徴をもっていること、つまり実際に、ある程度は特別な生物だからだ。もう1つは、ヒトにもっとも近縁な生物から25番目に近縁な生物まではすべて絶滅していて、26番目に近縁な生物（チンパンジーとボノボ）と比較しているからだ。かつては、ヒトにとって、チンパンジーより近縁な生物が25種もいたのである。

たとえば脳の大きさを考えてみよう。私たちヒトの脳の大きさは約１３５０ccである（とはいえ、脳の大きさは人によってかなり異なる。つまり変異〔同じ種の中の個体間の違い〕が大きいので、この値は大まかな目安に過ぎない。同様に、他の種の脳の大きさも、大まかな目安である）。一方、チンパンジーの脳は約３９０ccだ。ヒトの脳はチンパンジーの脳より３倍以上も大きいので、圧倒的に大きいと言ってもよいだろう。

だが、昔の人類であるネアンデルタール人（脳容量は約１５５０cc）やホモ・ハイデルベルゲンシス（脳容量は約１２５０cc）やホモ・エレクトゥス（脳容量は約１０００cc）が今も生きていたら、どうだろうか。私たちヒトの脳は、圧倒的に大きいというわけでもなくなってしまう。ネアンデルタール人の脳は私たちヒトの脳より大きいし、私たちヒトの中にも脳の大きさがホモ・ハイデルベルゲンシス並みの１２５０ccぐらいの人はいる。そう考えれば、ヒトはそれほど特別な存在でもない。ちなみにヒトという種の中では、脳の大きさと知能の間にあまりはっきりした関係はないようだ。そもそも知能というものを測定できない以上、確実なことは何も言えないのだが、アインシュタインの脳が平均より小さかったのは有名な話である。

以上の、ヒトが特別である２つの理由が、本書のテーマである。ヒトという生物の変わった特徴がなぜ進化したのか。人類の中でなぜヒトだけが生き残ったのか。これら２つの疑問は、実は密接に絡み合っている。次章から、そのことを詳しく見ていくことにしよう。

第1部 人類進化の謎に迫る

第1章　欠点だらけの進化

人類とチンパンジー類の違い

人類はチンパンジー類と約700万年前に分かれて、別々の進化の道を歩み始めた。この700万年の間にさまざまな特徴が進化して、現在のヒトになったのである。たとえば脳が大きくなり始めたのは人類の進化の後半で、およそ250万年前のことであった。

それではチンパンジー類と分かれてから、人類の系統において最初に進化した特徴は何だろうか。化石記録から考えると、最初に進化した人類の特徴は2つある。直立二足歩行と犬歯の縮小だ。これは非常に重要である。なぜなら、この2つの特徴が、人類とチンパンジー類の本質的な違いになるからだ。言い換えれば、私たちがチンパンジー類から分かれて人類になった理由は、この2つの特徴から見えてくるはずである。

まず直立二足歩行から見ていこう。勘違いされがちだが、直立二足歩行と二足歩行は違う。二足歩行ならニワトリだってカンガルーだってしている。しかし、体幹を直立させて歩き、立ち止まれば頭が足の真上にくる動物は、ヒトしかいない。

だが、直立二足歩行は不便で、生きていく上であまりよくない特徴かもしれない。もしも便利な特徴なら、いろいろな動物の系統で、直立二足歩行への進化が起きてもよさそうなものだ。空を飛べる能力でさえ、昆虫と翼竜と鳥とコウモリという複数の系統で進化しているのだ。ところが直立二足歩行は、気が遠くなるほど長い進化の歴史を見渡しても、人類でしか進化していない。少し不思議な感じがするが、人類以外に直立二足歩行をする動物はいないのだ。

ドイツのシュターデル洞窟で発見された「ライオン人間」と呼ばれる彫刻がある。高さは30センチメートルほどで、およそ3万2000年前のものと考えられている。この彫刻は、頭がライオンで体がヒトという半人半獣像だ。実際には存在しないものを想像する能力を、ヒトが獲得したことを示す、最古の証拠の1つとされている。この彫刻の顔は確かにライオンに見えるが、首から下はやや造りが粗くて、形からだけでは何の動物かわかりにくい。それでも一目見ただけで、この彫刻の首から下はヒトだと、私たちにははっきりわかる。なぜならこの彫刻は、2本足で直立しているからだ。直立二足歩行の姿勢をとっているからだ。直立二足歩行をする動物は人間だけなので、逆に言えば、直立二足歩行さえしていれば、顔が他の動物であっても人間っぽく見えるのである。

直立二足歩行をしていた類人猿がいた？

直立二足歩行をしていたのは人類だけだと述べたが、公平のために、反対意見があることも述べておこう。それは約900万年前〜約700万年前の化石類人猿であるオレオピテクスである。当時は地中海の島々だったイタリアのトスカーナ地方に住んでいたオレオピテクスは、直立二足歩行をしていたかもしれないのだ。

ここで、私たちの骨格について考えてみよう。私たちヒトは脊椎（せきつい）動物なので、脊椎（背骨）がある。そして直立二足歩行をするので、脊椎は上下方向に伸びている。脊椎の一番上には、頭蓋骨が乗っている。その頭蓋骨には、下側に大きな穴が開いている。この穴は大後頭孔（だいこうとうこう）と呼ばれ、頭蓋骨が脊椎とつながる場所であり、脊髄（せきずい）という神経が通る穴でもある。

私たちヒトは四つん這（ば）いになると、顔が地面の方を向いてしまう。それは大後頭孔が、頭蓋骨の下側のほぼ中央に開いているからだ。その体勢で前を見ようとすると、無理やり顔を上に起こさないといけない。こんな姿勢を長く続けていたら、疲れてしまう。そのため四足歩行をする動物では、この大後頭孔が頭蓋骨の後ろ側に開いている。これなら四つん這いの姿勢でも、無理なく前を見ることができる。

チンパンジーやゴリラの大後頭孔も、頭蓋骨の後ろ側に開いている。頭蓋骨の真後ろではないが、ヒトと比べるとかなり後ろに位置している。これはチンパンジーやゴリラが、基本的には四足歩行をしているからだ。ときどき立ち上がることもあるが、ヒトのように完全に直立することはできないし、長い距離を二足歩行することもできない。あくまで基本は四足歩行なのである。

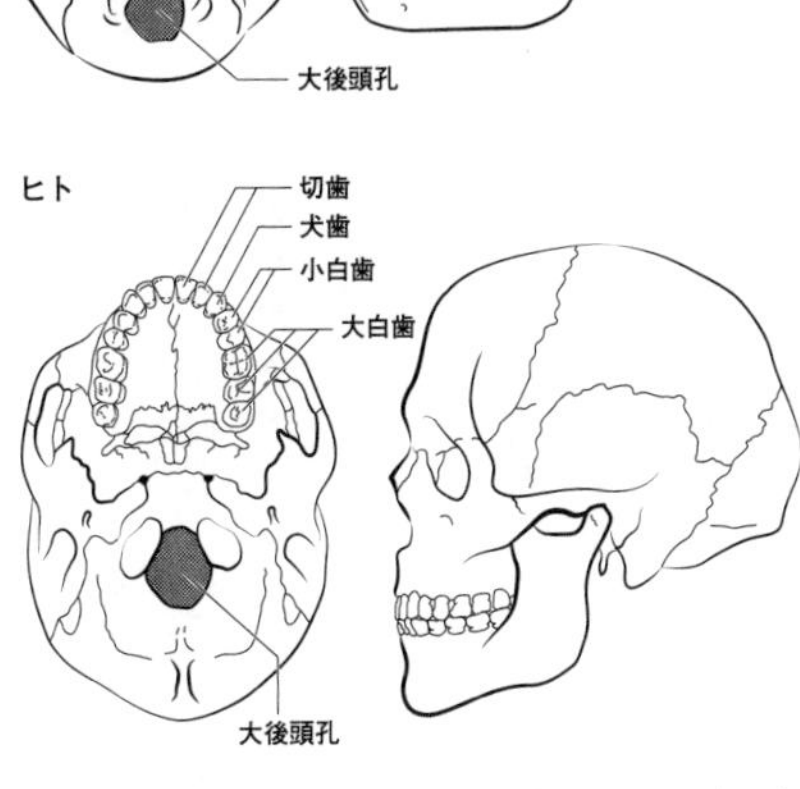

図1　チンパンジー（上）とヒト（下）の大後頭孔と犬歯の違い

このように、頭蓋骨の大後頭孔を調べれば、直立二足歩行をしていたのか、四足歩行をしていたのかを推測できる。そしてオレオピテクスの大後頭孔は、頭蓋骨の下側に開いていたのである。この他にも骨盤、大腿骨（だいたいこつ）、足首なども人類に似ており、直立二足歩行をしていた証拠とされている。そこで全体的に考えて、オレオピテクスは人類と類人猿の中間ぐらいの歩き方を、つまり不完全な直立二足歩行をしていたのではないかという意見があるのだ。

　オレオピテクスが直立二足歩行を始めた理由としては、島に住んでいたことが可能性の1つとして挙げられている。大型の肉食獣がいない島では、わざわざ木の上に逃げる必要がない。そこで地面に降りて二足歩行を始めたというのだ。直立二足歩行による移動はエネルギー的には効率がよいし、低い枝に実る果実を手で取るにも便利だからだ。

　だが一方で、オレオピテクスの手足の特徴は、樹上生活に適応していたことを示している。そのため、オレオピテクスに直立二足歩行的な特徴が見られるのは、樹上で枝にぶら下がったときに直立姿勢をとっていたからだという意見もある。直立二足歩行をしていたわけではないというのだ。

　残念ながら、はっきりした答えはわからない。ただ、もしもオレオピテクスが直立二足歩行かそれに近い行動をしていたとしても、それは進化の歴史の中では一瞬の出来事に過ぎなかった。オレオピテクスは、島が大陸とつながって大型肉食獣がやってきた時点で、絶滅した可能性が高い。彼らは子孫を残すことなく消えてしまったのだ。イタリアの一部で直立二足歩行が進化していたとしても、やはり、よほどのことがないと直立二足歩行は定着しないようである。

イースト・サイド・ストーリーは間違い

それでは、そんなに進化しにくい直立二足歩行が、どうして人類で進化したのだろうか。直立二足歩行がなぜ進化したのかは、人類の進化における最大の謎であり、たくさんの説がある。現在では誤りとされているが、かつては有名だった説として、イースト・サイド・ストーリーがある。これはフランスの人類学者イブ・コパン（1934〜）が1982年に提唱した説だが、本人もすでに撤回を表明している。もはや過去の説だが、参考になる部分もあるので、簡単に紹介しておこう。

アフリカ大陸の東部には、南北におよそ6000キロメートル以上に及ぶ裂け目がある。この裂け目は大地溝帯と呼ばれ、その両側は年間数ミリメートルの速さで離れている。したがって遠い将来、アフリカ大陸はここから2つに分裂すると考えられている。この大地溝帯の中心は谷間になっているが、その両側には高い山脈が形成されている（ちなみにここまでは正しい）。

この大地溝帯の活動は約800万年前から盛んになり、隆起して高い山脈が作られた。この山脈によって類人猿の生息地は、大地溝帯の東と西に分断された。そして大西洋の水蒸気を含んだ偏西風が、アフリカ大陸を横切って大地溝帯の山脈にぶつかり、その西側に大量の雨を降らすようになった。一方で大地溝帯の東側は、水蒸気を含んだ空気が山脈でさえぎられて、乾燥化が進んだ。

大地溝帯の西側の熱帯多雨林では、類人猿は樹上生活を続けることができ、チンパンジーやゴリラが進化した。一方、東側は乾燥化のため、森林が減少し、草原が広がった。木から降りて草原で生活を始めた類人猿は、直立二足歩行をするようになり、人類に進化した。

これが、イースト・サイド・ストーリーのシナリオだ。映画にもなったブロードウェイ・

ミュージカル「ウエスト・サイド・ストーリー」に引っ掛けたネーミングのよさも手伝って、広く知られるようになった。しかし大地溝帯より西の、アフリカ中央部にあるチャド共和国で、サヘラントロプス・チャデンシスの化石が発見されたことで、この説は破綻(はたん)した。

サヘラントロプス・チャデンシスは、現在知られている最古の人類化石である。この化石の年代がおよそ700万年前と古かったので、人類誕生の地は大地溝帯のイースト・サイドではなさそうだ、ということになった。しかもサヘラントロプス・チャデンシスが住んでいたのは、草原ではなく、木がそれなりに生えている疎林だったらしい。「草原で暮らすようになったので直立二足歩行が進化した」というシナリオ自体が成り立たなくなったのだ。

直立二足歩行の最大の欠点

ところでなぜ、草原で生活するために直立二足歩行が進化した、とこれまでは考えられてきたのだろうか。言い換えれば、草原で直立二足歩行をすると、どのようなよいことがあるのだろうか。

1つの考えとしては、太陽の光に当たる面積が少なくなる、というものがある。夏に海水浴に出かけると、肩や鼻が日焼けして、赤くなってしまう。でも、肩や鼻だけで済んだのは、私たちの体が直立していたからだ。もしもうつぶせになって寝ていたら、背中全体が真っ赤になり、もっとヒドイことになっていただろう。

私たちの祖先も、森林に住んでいれば、木陰で休むことができる。しかし草原で暮らしていたら、そうはいかない。アフリカの強烈な日差しが、容赦なく照りつけてくる。少しでも暑さを避けるためには、直立二足歩行をして、太陽光を浴びる面積を減らした方がよいだろう。少なくとも四足歩行をして、広い背中全体に太陽光を浴びるよりは、ましなはずだ。

頭部が地面から離れるので、涼しいという意見もある。直立二足歩行をすれば、暑いアフリカの地面からの反射光や地熱が、軽減されるというのである。また別の考えとしては、遠くが見渡せるからだ、というものがある。草原で肉食獣に襲われないためには、少しでも早く肉食獣を見つける必要がある。そのためには立ち上がって、遠くを見渡せる方がよいというわけだ。

確かに、いずれももっともな話ではある。でも、そんなに直立二足歩行が便利なら、どうして直立二足歩行をする動物が、今まで草原で進化しなかったのだろうか。草原に住んでいる動物なんてたくさんいるのだから、その中から直立二足歩行をするものが現れたってよさそうなものだ。それなのに、シマウマもヌーも四足歩行のままである。草原に住んでいるサルだって、直立二足歩行なんかしない。ヒヒもパタスモンキーも、四足歩行のままである。人類以外の草原に住むすべての動物が、まるで直立二足歩行を避けて進化しているようにさえ見える。おそらくその理由は、直立二足歩行には大きな欠点があるからだ。

直立二足歩行の最大の欠点は、短距離走が苦手なことだ。つまり、走るのが遅いのだ。もし山道を歩いているときに、ヒグマに会ったらどうするか。もし草原を歩いているときにヒョウに会ったらどうするか。こういうときに「走って逃げなさい」とは誰もアドバイスしないだろう。なぜなら、走って逃げても捕まってしまうからだ。私たちは走るのが遅いので、最初から走って逃げることは諦めているのである。肉食獣の中では走るのが遅いと言われるライオンでさえ、オリンピックの100メートル走で金メダルを取ったウサイン・ボルトより速く走れる。いや、でっぷりしたカバだって、だいたいボルトと同じくらいの速さで走れるのだ。

そう考えると、今まで他の動物で直立二足歩行が進化しなかったことにも納得がいく。

立ち上がっていくら遠くが見えたって、一旦肉食獣に見つかったら、どうせ逃げられない。走って逃げたって、捕まって食べられてしまうのだ。そんな直立二足歩行が進化するわけがない。実は、さきほど述べたパタスモンキーも、たまには二本足で立ちあがって、肉食獣がいないか確認をする。でも逃げるときは、四つ足に戻って素早く走るのである。

難産と直立二足歩行

さきほどは直立二足歩行のよい点として、遠くが見渡せることを挙げた。しかし、それは逆に、遠くから見つかってしまうということでもある。直立二足歩行は目立つのだ。たとえば、丈（たけ）が数十センチメートルの草が生えた草原を四足歩行していれば、体は草に隠れるので肉食獣に見つかりにくい。しかし直立二足歩行をしていれば、上半身は草の上に出てしまう。一旦見つかれば、走るのが遅いので、もう逃げられない。草原では目立つし足の遅い直立二足歩行は、肉食獣に向かって食べてくださいと言っているようなものなのだ。

そう考えれば、直立二足歩行が草原ではなく疎林で進化したことも、納得がいく。もしも私たちが、木がない草原でライオンに追いかけられたら、おしまいだ。悲鳴を上げながら全速力で走っても、すぐに捕まって食べられてしまう。でも、ところどころに木があれば、ライオンに追いかけられても助かるかもしれない。とにかく木のあるところまで逃げられれば、あとは木に登ればいいからだ。以前は、直立二足歩行は草原で進化したと考えられていたが、直立二足歩行は木のある環境でしか進化しないのだ。

ちなみに、直立二足歩行の欠点として、しばしば腰痛や難産も指摘される。確かに上半身を腰で支えなくてはならないので、腰に負担がかかる。そのため、ギックリ腰や椎間板ヘルニアになりやすい。しかし、このような腰痛に悩まされるのは高齢の個体に多く、若い個体には少ないはずだ。もし子を産んで育て上げるまで腰痛に悩まされなければ、進化においてはそれほど不利にはならないだろう。

また、直立すると内臓が腰の方に落ちてくる。それを支えるために筋膜などが発達し、産道をS字状に歪ませてしまった。しかも、産まれるまでは胎児が外に落ちないように、産道を筋肉でふさいでいる。この筋肉が、お産のときは邪魔になる。そのため初期の人類も、ある程度は難産だったかもしれない。

しかし本当に難産になったのは、脳が大きくなってからだ。もともと歪んで通りにくかった産道を、大きくなった頭で通り抜けなくてはならないからだ。ただし、人類が直立二足歩行を始めたのが約７００万年前、脳が大きくなり始めたのが約２５０万年前なので、時代的にはかなり差がある。おそらく初期の人類は、多少は難産だったかもしれないが、今のヒトほど難産ではなかったと思われる。やはり走るのが遅いことと目立つことが、最大の欠点だったのではないだろうか。

それでは、こんな欠点だらけの直立二足歩行が、どうして人類では進化したのだろうか。それに答えるために、人類の初期の化石を調べてみよう。そこにはきっと、重要なヒントが隠されているに違いない。

第2章　初期人類たちは何を語るか

4種の初期人類

第1章で述べたように、人類の最古の化石は、約700万年前のサヘラントロプス・チャデンシスである。体の化石は見つかっていないが、完全に近い頭蓋骨が見つかっている。

この頭蓋骨を前から見ると、眼が入る大きな穴が2つ開いている。この穴を眼窩（がんか）という。そして、この眼窩の上に庇（ひさし）のように張り出した部分を、眼窩上隆起（がんかじょうりゅうき）という。私たちヒトにはないのでわかりにくいが、ゴリラには立派な眼窩上隆起がある。サヘラントロプス・チャデンシスにも立派な眼窩上隆起があるので、類人猿的な特徴も持っていたことになる。しかし、脊髄が通る穴である大後頭孔が頭蓋骨の下方にあることから、直立二足歩行か、それに近い歩き方をしていたと考えられる。さらに上顎の犬歯が小さいことと、頭蓋骨の形がアウストラロピテクス（あとで述べる）に似ていることから、この化石はチンパンジー類ではなく人類に属すると結論されているわけだ。

年代的に考えて、サヘラントロプス・チャデンシスは、チンパンジー類と分かれて間もない人類だろう。頭蓋骨から推定した脳の大きさも約350ccで、約390ccのチンパンジーと大差ない。サヘラントロプス・チャデンシスの方がチンパンジーより少し小さい気もするが、前述したように脳の大きさにはかなりの個体差があるので、このくらいの違いならだいたい同じと考えてよいだろう。

注目すべきは、一緒に出てくる化石である。森林に住むサルであるコロブスやヘビの他に、ウシや魚やカワウソの化石も出てくるのだ。それらの化石から判断すると、サヘラントロプス・チャデンシスが住んでいたのは、森林よりは木が少ない疎林で、ところどころに湖や草原もあった場所と考えられる。草原と森林の中間的な環境だ。

2番目に古い化石人類はオロリン・ツゲネンシスで、約600万年前のケニアの地層から発見された。歯や下顎の一部を除いて頭蓋骨は発見されていないので、脳の大きさはわからないが、犬歯は小さくなっていた。それに加えて、大腿骨が見つかっている。この大腿骨への筋肉のつき方がヒトに似ているのだ。大腿骨の端は丸くなっており骨頭と呼ばれるが、この骨頭の部分の曲がり方（つまり大腿骨と骨盤が接する角度）もヒトと似ているので、オロリン・ツゲネンシスは直立二足歩行をしていた可能性が高い。

さらに、オロリン・ツゲネンシスより少し新しい人類化石が、エチオピアで発見され、アルディピテクス・カダッバと命名された。3番目に古い人類だ。約580万年前〜約520万年前にわたる複数の地層から、化石が発見されている。

アルディピテクス・カダッバも頭蓋骨の上の部分が見つかっていないので、脳の大きさはわからないが、犬歯は小さくなっていた。また、足の指の化石が見つかっており、つま先を反り返すことができたようだ。私たちヒトが歩くときは、足の指で地面を後ろに蹴って進む。そのとき、つま先が反り返らないと、うまく歩けない。アルディピテクス・カダッバの足の指も反り返すことができるので、直立二足歩行に適応していたと考えられる。また犬歯も小さく、後の時代の人類のように、ヘラ状の形をしていたこともわかっている。

このように、チンパンジー類から分かれて間もない初期の人類でさえ、直立二足歩行をしていたようだ。しかし化石の量が少ないため、どうやって生きていたのか、詳しいことはわからない。

一方、エチオピアの約440万年前の地層からは、アルディピテクス・ラミダスの化石が産出する。アルディピテクス・ラミダスは、初期の人類としては例外的に多くの化石が発見され、全身に近い骨格も見つかっている。足や骨盤の化石から判断して、アルディピテクス・ラミダスも体を直立させて、直立二足歩行をしていたと考えられる。また、一緒に出る化石から判断すると、疎林に住んでいたようだ。そういう点では、もっとも古い上記の3種の人類と似ていると言える。

アルディピテクス・ラミダスが生きていた時代は、人類がチンパンジー類から分岐してから、すでに260万年ほど経っている。それでも、脳の大きさは約350ccとチンパンジーと同じぐらいだし、他にもいろいろと原始的な特徴が残っている。そのためアルディピテクス・ラミダスは、まだ人類の初期の姿を残しており、なぜ直立二足歩行が始まったのかを教えてくれる可能性がある。

四足歩行と直立二足歩行のあいだ

ところで、サヘラントロプスやアルディピテクスなどの初期人類が、すでに直立二足歩行をしていたとすると、四足歩行と直立二足歩行の中間の種はいなかったのだろうか。人類の祖先がもともとは四足歩行をしていたことは間違いない。そこから猫背で前かがみの二足歩行が進化して、だんだんと体幹が立ってきて、ついには背筋が伸びた直立二足歩行の人類が現れたと考えるのが自然だろう。類人猿から人類への進化を表した絵には、そんなふうに四足歩行から直立二足歩行への段階的な進化が描かれたものが多いように思う。

しかし、四足歩行と直立二足歩行の中間の化石は見つからない。おそらく四足歩行から直立二足歩行への進化は急速に進んだため、化石に残っていないのだ。でも、それは不思議なことではなくて、当然のことかもしれない。

1つの可能性としては、もし個体数が少なければ、進化は速く進むからだ。約700万年以上前のある類人猿の集団が小さくなったとしよう。個体数が少ない場合は、自然選択よりも遺伝的浮動という偶然の効果が強くなる。自然選択は、有利な個体を増やして進化を進めることもあるけれど、不利な個体を除いて生物を現状のまま維持させる、つまり進化を止めることの方がずっと多い。したがって、自然選択というブレーキが弱くなれば、進化速度は速くなるのだ。

四足歩行から直立二足歩行への進化がこのような状況で起きたとすれば、この時期の化石は、生きていた時間が短い上に数も少ない。したがって化石には残りにくい。そのため、四足歩行と直立二足歩行の中間の化石が見つからないのだ。

しかも、四足歩行と直立二足歩行の中間の歩き方は、猫背でヨタヨタとした歩き方だっただろう。四足歩行よりも直立二足歩行よりも歩くのが下手だったに違いない。こんな生物がいたら、すぐに肉食獣に食べられて絶滅してしまう。中間型は生きていけないのだ。四足歩行と直立二足歩行は適応的だが、その中間型は不利で適応的ではない。それでも現実には直立二足歩行が進化したのだから、人類は運よく中間型の時期を素早く通り抜けたのだろう。

学名に込められた先人の思い

ここで、少しだけ寄り道をして、学名について説明しておこう。アルディピテクス・カダッバとアルディピテクス・ラミダスは共に学名だが、アルディピテクスの部分が同じである。これは属名と呼ばれ、この2種が同じアルディピテクス属に含まれることを示している。

私たちヒトという種の学名は、ホモ・サピエンスである。絶滅した北京原人の学名はホモ・エレクトゥスである。ホモ・サピエンス、ホモ・エレクトゥスという種名の中の「ホモ」は属名だ。つまり、ホモ・サピエンスという種もホモ・エレクトゥスという種も、同じホモ属に含まれる。属は種より上位の分類階級で、1種しか含まないこともあるが、複数の種を含むことが普通である。

それに対して、「サピエンス」は種小名というが、この「サピエンス」を単独で使うことはない。そのため、「サピエンス」ではなくて「ホモ・サピエンス」というのが種名として正しい。種名が、属名と種小名という2つの部分からなるので、このような学名の表記方法を二名法という。「ホモ」が属名なのだから「サピエンス」を種名にすればよさそうなものなのに、なんで「ホモ・サピエンス」が種名なのだろう。どうしてこんな、ややこしい名前のつけ方になっているのだろうか。

その理由の1つは、学名がラテン語だからだ。ラテン語では、形容詞が名詞の後ろにくる。「ホモ・サピエンス」は「賢い（サピエンス）人間（ホモ）」という意味になる。「ホモ・エレクトゥス」は「直立した（エレクトゥス）人間（ホモ）」という意味になる。ホモは名詞なので、単独で使っても構わないが、サピエンスやエレクトゥスは形容詞なので、単独では使わないのである。

別の理由としては、種の数がたくさんあるからだ。たとえば100万種の生物に学名をつけなくてはならないとしよう。だが、100万種類の名前を考えるのは大変である。そこで二名法を使うことにする。これなら名前を1000種類考えるだけでよい。名前を2

つ組み合わせて、1つの種名とするのだから、1000×1000で100万種類の学名が作れるわけだ。とはいえ実際には、すべての属にきちんと1000種ずつ含まれているわけではない。だから本当は、名前を1000種類以上考えなくてはならない。それでも二名法のおかげで、100万種類よりはずっと少なくてすむはずである。

このことを逆に考えれば、属名さえ違えば、まったく別の種なのに、種小名が同じということがあり得ることになる。しかし、1つの学名は1つの種に対応しなくてはならない。だから種小名だけで使わず、種名（属名+種小名）を使うのだ。種名は、複数の種に重複しないように命名されているからだ。

そうは言っても、言葉の使い方は時代とともに変化する。最近は私たちヒトのことを、「サピエンス」と種小名だけで呼ぶこともある。まあ意味がわかれば不便はないのだから、目くじらを立てることもないだろう。ただ、学名をラテン語にしたことには理由がある。言葉が時代とともに変化することは、昔から知られていた。でも学名は、何百年も何千年も、ずっと使えるものにしたい。だから学名には、変化しない言語を使いたい。そこで、もはや変化することのない死んだ言語、つまりラテン語を使うことになったのである。一応、そういう先人たちの思いを酌んで、この本では属名を省略しないで、きちんと種名を表記することにしよう。

アルディピテクス・ラミダスの特徴

それではアルディピテクス・ラミダスに戻って、まずは直立二足歩行に関係した主な特徴を4つ見てみよう。

1つ目は、アルディピテクス・ラミダスの足に、土踏まずがないことだ。土踏まずとは、足の裏にあるくぼみのことである。アーチ状に足の裏がへこんでいて、歩いたり走ったりしたときに地面からの衝撃を吸収する役割がある。この土踏まずがないと、動きがにぶくなったり長距離を歩けなくなったりする。土踏まずはヒトにはあるが、チンパンジーにはない。アルディピテクス・ラミダスに土踏まずがないということは、あまり歩くのは上手くなかったということだろう。

2つ目は、アルディピテクス・ラミダスは足の親指を、大きく広げられることだ。親指を他の4本指と向い合わせて、物をつかめるので、樹上生活に適した特徴である。手だけでなく、足でも枝をつかめるからだ。とはいえ、チンパンジーほどは親指を他の4本指と向い合せにすることはできず、枝をつかむ能力も少し低かったようである。

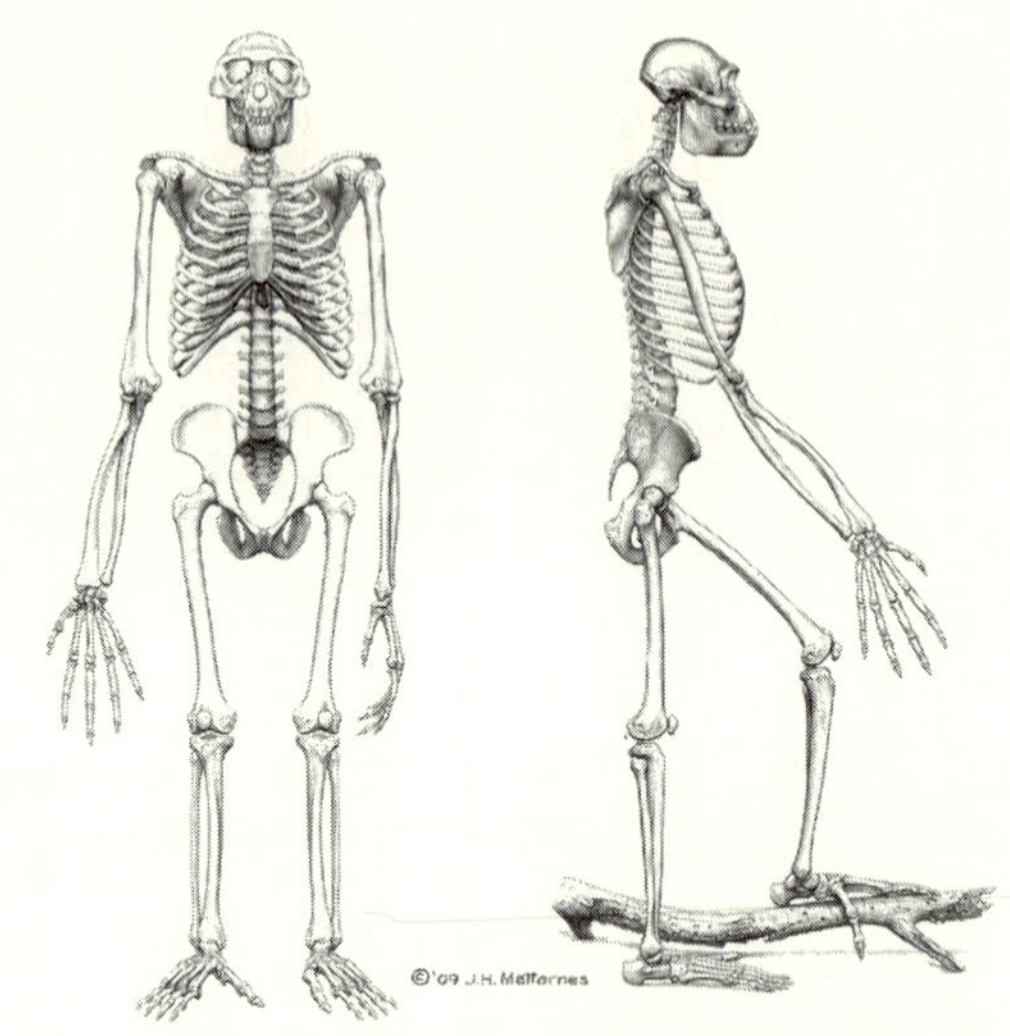

図2　アルディピテクス・ラミダスの骨格。足の指で物をつかめる Lovejoy, C. Owen., et al., The Great Divides: Ardipithecus ramidus Reveals the Postcrania of Our Last Common Ancestors with African Apes. *Science*, 02 Oct 2009: Vol. 326, Issue 5949.

　3つ目として、腕と脚の長さの比を見てみよう。これは、樹上生活への適応の目安となるからだ。脚の長さを１００としたときの腕の長さは、ヒトでは約70だが、チンパンジーでは約１０６、ゴリラでは約１１３である。一般に、腕が長い方が樹上生活に便利だと考えられている。アルディピテクス・ラミダスは約90で、チンパンジーとヒトの中間である。そこそこは樹上生活に適応していたのだろう。

　4つ目は骨盤の形だ。骨盤は15個前後の骨から成るが、そのうち上部の2つの大きな骨を腸骨、下部の2つの大きな骨を座骨という。そして2つの腸骨の間を、上下に脊椎（背骨）が貫いている。

まず骨盤上部の腸骨から見ていこう。ヒトの腸骨は、幅が広く上下に短い。幅が広ければ、体を直立させたときに内臓を受け止めて、下から支えるのに都合がよい。上下に短ければ、両側から脊椎を挟んでいる腸骨の、脊椎と接している部分の長さが短くなる。そのため脊椎が柔軟に動けるようになり、体を直立させたときにバランスを取ることができる。一方、チンパンジーの腸骨は反対に、幅が狭く上下に長いので、内臓を支えられず、脊椎も柔軟に動けない。

次に、骨盤下部の座骨を見てみよう。これは、ヒトでは上下に短く、チンパンジーでは上下に長い。上下に長い方が、腰を曲げた状態で足を後ろに蹴り出しやすくなる。つまり四足歩行や樹上生活に適した特徴と言える。面白いことにアルディピテクス・ラミダスでは、腸骨はヒトのように幅が広く上下に短いのだが、座骨はチンパンジーのように上下に長くなっている。直立二足歩行もできるし、樹上生活も得意だったということだろう。

以上の4つの特徴を総合的に考えると、アルディピテクス・ラミダスは、直立二足歩行はしていたけれど、ヒトより歩くのが下手で、樹上生活もしていたが、木登りはチンパンジーより下手である、といったところだろう。しかし、私たちより歩くのが下手だったとはいえ、アルディピテクス・ラミダスは背をかがめてヨタヨタと歩いていたわけではない。体を直立させて、脚を真っすぐに伸ばして歩いていたのだ。それが、直立二足歩行というものだ。その歩く姿は、チンパンジーやゴリラが歩く姿とはまったく異なり、私たちが歩く姿によく似ていたと考えられる。

初期人類はどこに住んでいたか

アルディピテクス・ラミダスはどこに住んでいたのだろうか。それを教えてくれる証拠は、主に3つある。

1つ目は、一緒に出てくる化石だ。アルディピテクス・ラミダスと一緒に産出するのは、森林に住むサルであるコロブスや森林性のウシ科の動物などだ。また、一緒に産出する昆虫や木の実なども合わせて判断すると、アルディピテクス・ラミダスが住んでいたのは、森林や草原が近くにある疎林だったのではないかと考えられる。

2つ目は、同位体比だ。たとえば自然界における安定な炭素の約99パーセントは、^{12}Cという陽子6個と中性子6個を含む炭素原子である。残りの約1パーセントは、^{13}Cという陽子6個と中性子7個を含む炭素原子だ。この^{12}Cと^{13}Cの割合を、安定炭素同位体比という。

生物の体の中の安定炭素同位体比は、自然界の安定炭素同位体比とわずかに異なることが知られている。さらに森林の植物と草原の植物を比べても、平均的に見れば安定炭素同位体比が少し異なるのだ。動物の安定炭素同位体比は、食べた植物に影響される。つまり、アルディピテクス・ラミダスの化石の安定炭素同位体比を測定すれば、彼らが何を食べていたのかがわかり、どこで活動していたかも推測できるのである。

調べてみると、アルディピテクス・ラミダスは、草原よりも森林の植物を多く食べていたことが明らかになった。安定炭素同位体比の結果は、チンパンジーに近かったのである。

3つ目は、歯の形である。もしも草原で暮らしていれば、硬いものを食べないわけにはいかない。イネ科の植物などは葉にオパールが含まれていてとても硬いし、砂にまみれた食物を食べなくてはならないこともある。そういう食物を食べるためには、大きな臼歯(きゅうし)(奥歯)ですり潰さなくてはならないので、歯の表面も摩耗(まもう)するだろう。しかし森林で果実などを食べていれば、硬い食物を食べなくてすむ。大きな臼歯もいらないし、歯の表面の摩耗も少なくなる。アルディピテクス・ラミダスの歯を調べてみると、臼歯は小さく、表面の硬い部分であるエナメル質も薄い。歯の表面もそれほど擦(す)り減っていなかった。やはりアルディピテクス・ラミダスは、草原よりも森林の食物を食べることが多かったらしい。

つけ加えておくと、同じ森林の食物を食べていても、果実を多く食べる種は切歯(せっし)（前歯）が大きくなる。だからチンパンジーの切歯は大きいが、アルディピテクス・ラミダスの切歯は特に大きくはない。アルディピテクス・ラミダスは、チンパンジーよりも雑食型だったようだ。

おそらくアルディピテクス・ラミダスは（そして、他の3種の初期人類も）、基本的には疎林に住んでいたが、森林や草原も活動範囲に入っていたのだろう。そして森林の食物を主に食べていたが雑食性で、たまには地上に落ちている食料も食べていたと考えられる。だが、アルディピテクス・ラミダスの身長は、だいたい120センチメートルぐらいで、チンパンジーと変わらない。まだ道具は持っていないし、地面を直立二足歩行しているところを肉食獣に襲われたらひとたまりもない。したがって、夜はチンパンジーのように木の上で、枝や葉でベッドを作って寝ていたと考えられる。

さて、ここまでアルディピテクス・ラミダスを含む、初期の人類の直立二足歩行に関する事柄を検討してきた。しかし、直立二足歩行の最初の様子はおぼろげに見えてきたものの、彼らが直立二足歩行を始めた理由は、いまだはっきりしない。どうもその理由には、人類のもう1つの特徴である犬歯の縮小が絡んでいそうである。

第3章　人類は平和な生物

チンパンジーにあって人類にないもの

直立二足歩行に並ぶ、人類のもっとも基本的な特徴は、犬歯の縮小である（第1章の図1参照）。それではなぜ、人類の犬歯は小さくなったのだろうか。

それは、犬歯を使わなくなったからだ。使わないのに、わざわざ大きな犬歯を作ったら、余分なエネルギーが掛かる。たとえば、余分にエサを食べなくてはならない。それは無駄である。そのため自然選択によって、人類の犬歯は小さくなったのだ。ここまでは、まず間違いない。

しかし、犬歯を使わなくなったということは、昔は使っていたということだ。それでは、いったい何に使っていたのだろう。チンパンジーを見ると、確かにオスには大きな犬歯がある。いわゆる牙だ。これはオス同士の争いに使われている。口を開けて牙を見せるというディスプレイだけで済むこともあるが、実際にこの牙を使って闘うこともある。

チンパンジーは主に果実を食べるが、年や季節によっては果実が少なくなる場合がある。そういう不安定な果実をめぐって、群れ同士で争いが起きることがある。またチンパンジーは、多夫多妻的な群れを作ることが知られている。群れの中には複数のオスとメスがいて、いわゆる乱婚の社会を作る。そのため、群れの中でメスをめぐるオスの争いが起きる。なお、こういう社会には、オスによる子殺しを抑制する効果があると言われる。オスにとっては、自分と交尾したメスが産んだからといって、その子が自分の子か他のオスの子かわからない。自分の子かもしれないので、オスはその子を殺さないのだ。

群れ同士でも群れの中でも、オス同士の闘いは激しく、相手を殺してしまうことも珍しくない。こういうときに使われるのが大きな犬歯、つまり牙である。ところが人類には、この牙がないのである。

ウマに嚙まれても死なない

昔、馬術部の人がウマに嚙まれた。彼の背中を見せてもらうと、ウマの大きな歯型が見事についていた。胴体をパクッと嚙まれたらしい。私はしばし、その立派なウマの歯型に見とれてしまった。

でも彼は、救急車で運ばれるわけでもなく、病院に行くわけでもなく、普通に電車で帰っていった。あんなに大きな動物に噛まれたのに、どうして平気だったのだろうか。それは、ウマには牙がないからだ。ウマは草食動物なので、歯が尖っていないのである。

ライオンは、ウマより小さな動物だ。それでもライオンに噛まれたら大変だ。皮膚が破けて、血が出て、死んでしまう。いや、小さなイヌやネコに噛まれただけでも、結構大変なことになる。それは牙があるからだ。牙があるのとないのとでは、攻撃力に非常に大きな差があるのだ。

テレビのドラマでは、よく殺人事件が起きる。そんなとき捜査に来た警察は、凶器を探す（実際の捜査のことは知らないけれど、テレビではそうだ）。なぜ凶器を探すのか。それは殺人には、ふつう凶器が必要だからだ。人類の体には、殺人をするための凶器がついていないのだ。もしも牙があれば、凶器なんていらなかったのに。でも、人類は牙という凶器を捨てた。

約700万年前にチンパンジー類と人類は分岐して、別々の進化の道を歩み始めた。チンパンジー類は凶器を持ち続けたのに、なぜ人類は凶器を捨てたのだろうか。それは人類が、威嚇（いかく）や殺し合いをしなくなったから、と考えるのが自然だ。もちろん争いがまったくなくなったわけではないだろうが、かなり穏やかなものになったことは間違いないだろう。

同種内の争いでもっとも多いのは、メスをめぐるオス同士の争いだ。しかし、一夫多妻制や多夫多妻制の社会では、オス同士の争いをなくすことは難しい。一方、一夫一婦制の社会では、メスをめぐるオスの争いはそれほど起こらない。ということは、人類は一夫一婦制の社会を作るようになったので、同種内での争いが穏やかになったのだろうか。

ためしに今までの話をつなげてみると、次のようなシナリオができる。

「アフリカにいた類人猿の中で、一夫一婦制かそれに近い社会を作るようになった種が、約700万年前に現れた。その種は同種内で争うことがほとんどなくなったので、犬歯が小さくなった」

さて、このシナリオは正しいのだろうか。行動や社会にかんする証拠は化石に残らないので、確かめることが難しい。でも状況証拠ぐらいなら、いくつか集められそうだ。それに、もしもこのシナリオが成り立てば、直立二足歩行の謎解きまであと一歩のところまで行けるかもしれない。それでは、このシナリオを検討してみよう。

大型類人猿の犬歯と社会形態

まずは、人類に近縁な類人猿について見てみよう。人類にもっとも近縁な類人猿はチンパンジーとボノボで、ヒトとの遺伝的な違い（DNAの塩基配列が異なる割合）は、両種とも約1・2パーセントだ。その次がゴリラで、ヒトとの遺伝的な違いは、約1・5パーセントである。

さきほど、チンパンジーの犬歯が大きいと述べたが、ボノボやゴリラの犬歯もやはり大きい。ボノボの犬歯はチンパンジーやゴリラに比べれば小さいが、それは体が小さいことも関係しているだろう。それでも、ボノボの歯並びの中で犬歯はひときわ大きく、ヒトの歯並びとはまったく違う。ちなみに、ボノボのオスの体長は約80センチメートルで体重は約40キログラムだが、チンパンジーのオスの体長は約85センチメートルで体重は約50キログラムと、ボノボより一回り大きい。ゴリラのオスに至っては、体長が約180センチメートルで体重は約180キログラムなので、はるかに大きいことになる。

ヒトと類人猿では、犬歯の大きさだけでなく形も違う。ヒトの犬歯は菱(ひし)形で、高さも他の歯と同じぐらいだ。だから、仮に噛みついたとしても、歯型が残るぐらいで傷を負わせることは難しい。牙としては、まったく役に立たないのだ。一方、チンパンジーやボノボやゴリラの犬歯は、円錐形が少し曲がった形の、いわゆる牙である。他の歯よりも犬歯は高く突き出ているので、動物に嚙みつけば、傷を負わせることができる。

社会形態としては、ボノボはチンパンジーと同様に多夫多妻的な群れを作る。ゴリラはたいてい一夫多妻的な群れを作る（マウンテンゴリラでは、血縁関係のあるオスが複数いる多夫多妻的な群れを作る）。したがってチンパンジーのように、ボノボやゴリラもメスをめぐってオス同士が競争をする。しかし、ボノボやゴリラでは、チンパンジーほど激しく闘うことは少ないようだ。たとえば、ゴリラの群れでオス同士の争いが起きると、メスや年長のオスが仲裁に入って争いが終わることもあるらしい。とはいえ、ゴリラも闘うことがないわけではない。一旦オス同士で闘いが始まると、嚙み合って牙を突き刺して闘う。もちろんゴリラは血だらけになり、死に至るケースもあるようだ。

ボノボの場合は、争いが起きそうになると、お互いの性器をこすり合わせたりして、緊張を解くことが多い。そうして和解するのである。そのため群れの中のオス同士でも、群れが他の群れと出会ったときでも、闘いになることはほとんどない。ごくまれには闘うこともあるようだが、少なくとも死に至ったケースはないようだ。ボノボは、チンパンジーやゴリラより平和な種なのだろう。でも、私たちだって捨てたものではない。ヒトはボノボより体が大きいにもかかわらず、犬歯はボノボより小さいのだ。おそらく人類は、もともとはボノボ以上に平和な生物なのだ。

人類の犬歯はなぜ小さくなったか

ここで公平のために、反論も紹介しておこう。人類の犬歯が小さくなった理由は、硬いものを食べるようになったからだという意見もある。硬いものをすり潰して食べるには、横方向の咀嚼(そしゃく)運動が必要になる。横方向に歯を動かすときに、犬歯が他の歯より飛び出していれば邪魔になる。そこで犬歯が小さくなったというのである。

しかし、アルディピテクス・ラミダスなど初期の人類の化石を見ても、横方向の咀嚼運動が発達していた形跡は特にない。それと、上顎と下顎の犬歯の比較も、この反論に対する反論になる。横方向の咀嚼運動に邪魔であれば、上顎の犬歯も下顎の犬歯も同じように小さくなるはずだ。一方、武器として使うときは、下顎より上顎の犬歯の方が重要だ。したがって、オス同士の闘いが穏やかになったことが原因で、犬歯が小さくなったのであれば、まず上顎の犬歯が小さくなるはずだ。実際に初期の人類の犬歯を調べてみると、上顎の犬歯の方が先に小さくなっていることがわかる。したがって、犬歯が小さくなった原因は、食性の変化も少しは関係していたかもしれないが、おもにオス同士の闘いが穏やかになったためと考えてよいだろう。

オス同士の闘いの激しさを考えるときには、群れの中のオスと発情したメス（交尾可能なメス）の割合も参考になる。オス同士の闘いが激しいチンパンジーでは、5〜10頭のオスに対してメスが1頭だ。これがボノボだと、2〜3頭のオスにメス1頭ぐらいまで、オスとメスの割合が近づいている。そのため、オス同士の闘いが穏やかになっている。一方、私たちヒトは類人猿と異なり、発情期がない。だから、いつでも交尾ができる。しかも、子供がまだ小さい授乳期間でも交尾ができる。その結果、オスとメスの割合が1対1に近くなっている。このことが、オスとメスの結びつきを強めていると言われている。チンパンジーのメスは発情期になると、性皮（性器の周りの皮膚）が充血して膨張する。膨張した性皮は外からはっきり見えるので、その期間はメスのまわりに多くのオスが群がってしまう。これでは、特定のオスと長続きする関係を結ぶことはできないだろう。

発情期がないというのは現在のヒトの話だが、すでに初期の人類でも発情期がなくなっていたかもしれない。あまり推測に推測を重ねたくはないのだが、すでに初期の人類で発情期が失われていれば、このオスとメスの割合が1対1に近くなり、オス同士の争いが緩やかになる。そうすれば、犬歯が小さくなったことが説明できるのである。

また詳しいことは第4章や第5章で述べるが、初期の人類は食物を運搬し、さらに分配していた可能性が高い。そうであれば、食物をめぐる争いも少なくなり、ますます生活は平和になっただろう。

絶滅した生物の行動を推測することが難しいのは確かである。しかし初期人類の化石だけでなく、現生のヒトや類人猿のデータも合わせて総合的に考えると、人類が平和な種であることは、ほぼ間違いなさそうだ。

第4章　森林から追い出されてどう生き延びたか

草原より森林の方が暮らしやすい

　チンパンジーは森林に住んでいて、葉や昆虫や小動物も食べるが、主な食物は果実である。たまに草原に出てくることもあるが、森林からあまり離れることはない。森林から離れると肉食獣に襲われるかもしれないし、夜は森林に帰って樹上のベッドで寝るからだ。

　ボノボも森林に住んでいて、葉は食べるが、昆虫や小動物はあまり食べない。主な食物はやはり果実である。果実は、動物に種子を運んでもらうために発達したものだ。そのため果実は、動物にとって食べやすくできている。一方、葉や樹皮や根は動物に食べられては困るので、セルロースなどの硬い繊維が多くて、食べにくくなっている。

　ゴリラも森林に住んでいて、果実を好んで食べる。しかし、果実よりもたくさんある葉や樹皮や根もよく食べるため、食物に困らなくなり、体も大きくなれたと考えられる。チンパンジーやボノボに比べて頑丈な顎や長い腸をもっていることも、繊維質の食物を食べるのに役立っているのだろう。もっともゴリラの食性には地域差があり、ニシローランドゴリラやヒガシローランドゴリラは、チンパンジー以上に果実を食べるようだ。

一方、初期の人類は、森林も活動範囲に入っていたようだが、基本的には疎林に住み、草原にも足を延ばしていた。森林に比べれば、草原や疎林のような開けた場所は、食物が少なく、捕食者も多くて危険なところだ。類人猿のように森林に住んでいた方が、生きていくのに楽だっただろう。なぜ私たちの祖先は、そんな不便なところに住むようになったのだろうか。

人類は森林から追い出された

現在の日本でも、クマが山から人里へ下りてくることがある。でもそれは、クマが希望にあふれて、人里で美味しいものをたくさん食べようと思って、下りてきたわけではない。きっと山の食料が少なくなり、空腹でたまらなくなったのだ。それで仕方なく人里まで下りてきたのだ。ふつう動物は、食べるものがたくさんあって住みやすい場所があれば、その場所を捨てたりしない。いつまでも、そこにいようとするはずだ。今までいた場所を捨てて、他の場所へ移動するときは、そこにいられなくなった理由があるのだ。

初期の人類が直立二足歩行を始めたときも、同じような状況だったかもしれない。そのころのアフリカは、乾燥化が進んで森林が減少していた時代だった。類人猿の中にも、木登りが上手い個体と下手な個体がいただろう。エサがたくさんあれば、少しぐらい木登りが下手でも困らない。しかし、森林が減ってくると、そうはいかない。木登りが上手い個体がエサを食べてしまうので、木登りが下手な個体は腹が空いて仕方がない。そうなると、木登りが下手な個体は、森林から出ていくしかない。そして、疎林や草原に追い出された個体のほとんどは、死んでしまったことだろう。でも、その中で、なんとか生き残ったものがいた。それが人類だ。

草原で肉食獣に襲われたら逃げ場がない。でも疎林なら、なんとか木のあるところまで逃げられれば、木に登って助かるかもしれない。森林を追い出された人類は、生き延びるために疎林を中心とした生活を始めたと考えられる。

仮説はスジが通っているだけではダメ

ところで、現生の霊長類の中には、森林ではなく開けた環境に住んでいるものもいる。

それらの生き方を調べれば、初期人類の生き方を推測する参考になるかもしれない。

現在、草原や疎林に住む霊長類（サルや類人猿やヒトの仲間）としては、ヒヒがいる。ヒヒはアフリカのサハラ砂漠より南に広く住んでおり、大型類人猿の次に大きな霊長類である。ヒヒは雑食性で、地上に落ちているものをつまみ上げて、いろいろなものを食べる。草、花、種子、根、果実の他に、昆虫や小動物も食べる。おそらく初期の人類も、ヒヒと同じようなものを食べていたのだろう。果実を好んだかもしれないが、雑食性だったと考えられる。

疎林や草原では木がまばらなので、地上に下りずに、樹上だけを伝って移動することができない。ほとんどは地上に降りて、移動しなければならない。このとき、ヒヒは四足歩行で移動するが、人類は直立二足歩行で移動した。この違いは、どこから来たのだろうか。

ヒヒは5種（ヒヒ属ではないゲラダヒヒも入れると6種）ほどいるが、すべて一夫多妻か多夫多妻の社会を作る。一方、初期の人類は、あとで述べるように一夫一婦的な社会を作っていた可能性が高い。となれば、初期の人類のオスは、子育てに協力していたのではないだろうか。メスや子に食物を手で持って運ぶために、直立二足歩行をしたのではないだろうか。現生のボノボも二足歩行をしながら、食物を手で持って歩くことがあるので、初期の人類が食物を持って歩いても、不自然ではないだろう。

「オスが、メスや子のために食物を手で運ぶために、直立二足歩行を始めた」という仮説を、食料運搬仮説と呼ぶことにしよう。この食料運搬仮説は、一応スジが通っている。でも仮説というものは、スジが通っているだけではダメなのだ。

池袋にいる友人が、渋谷にいるあなたを訪ねてきたとしよう。あなたは心の中で、こう考えた。

「彼はきっと、山手線に乗ってきたに違いない。だって池袋から渋谷まで、乗り換えなしで来ることができるから」

「彼は山手線で池袋から渋谷に来た」という仮説はスジが通っている。不自然なところは何もない。でも、この仮説を正しいと決めつけることはできない。なぜなら、他にもスジの通った仮説があるからだ。たとえば彼は、副都心線を使っても、池袋から渋谷まで乗り換えなしで来ることができる。「彼は副都心線で池袋から渋谷に来た」というのも、やはりスジの通った仮説である。スジの通った仮説は、1つとは限らないのである。

スジの通った複数の仮説を1つに絞り込むには、証拠が必要だ。彼が交通系ICカードを使っているなら、その履歴表示を見せてもらえば証拠になる。証拠があれば、彼が山手線で来たのか、副都心線で来たのかを、実証することができるのだ。

でも、証拠がないときはどうすればよいだろう（彼に直接聞くという選択肢はないものとしよう）。そういうときは、彼が山手線で来たのか、副都心線で来たのかを、判断する助けになる間接的な情報を探すしかない。たとえば、あなたが、彼がお金に困っていることを思い出したとしよう。それなら彼は、運賃が安い山手線で来た可能性が高い。もちろんそれでも、彼が副都心線で来た可能性は捨てきれないけれど、あなたが知っているすべての情報から総合的に考えれば、「彼は山手線で池袋から渋谷に来た」という仮説を選ぶことが、ベストの選択肢ということになる。

進化する場合としない場合

さて、人類が直立二足歩行を進化させた理由として、食料運搬仮説はスジが通っている。でも、はっきりした証拠はない。しかし、食料運搬仮説が正しそうだ、という間接的な情報なら、ないことはない。それが、犬歯が小さくなっていることだ。ここで犬歯の話とつながる。

生物の形態や性質など、すべての特徴をひっくるめて形質という。ある個体に2つの条件を満たす形質が現れたとしよう。２つの条件とは、「生存や繁殖に有利なこと」と「子に遺伝すること」だ。この形質をもつ個体は、他の個体より「生存や繁殖に有利」なので、他の個体より多くの子を残すことになる。この形質は「子に遺伝する」ので、その子たちも他の子たちより「生存や繁殖に有利」になり、他の子より多くの孫を残すことになる。その繰り返しで、この形質は生物の集団あるいは種全体に広がっていき、ついにはすべての個体がこの形質をもつようになる。これが自然選択による進化である。

この自然選択を食料運搬仮説に当てはめたら、どうなるだろうか。直立二足歩行ができるようになった個体は、手でものを持つことができる。そういうオスが地上を歩いて食物を集め、それをメスや子のところに運んでくる。そのメスや子は食物を食べられるので、「生存や繁殖に有利」になるだろう。しかしこれだけでは、直立二足歩行が進化する条件としては足りないのである。

多くのヒヒは多夫多妻制の社会を作るが、この場合、どのメスが産んだどの子が、自分の子なのかわからない。したがって、直立二足歩行によって食物を運び、「生存や繁殖を有利」にしてあげた子は、自分の子ではないかもしれない。もしも一生懸命にエサを運んで育てた子が自分の子でなかったら、他人の子には直立二足歩行が遺伝しないので、その

① 遺伝する変異

同種の個体の間に形質の違い(変異)があり、その違いが子に遺伝する

② 過剰繁殖

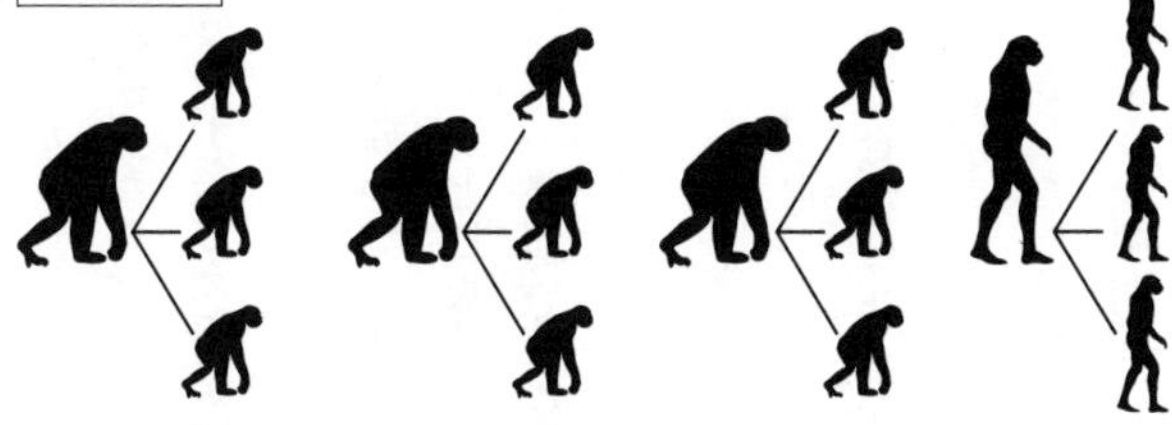

実際に生き残れる数より多くの子を産む

③ 成体まで成長する子の数の差

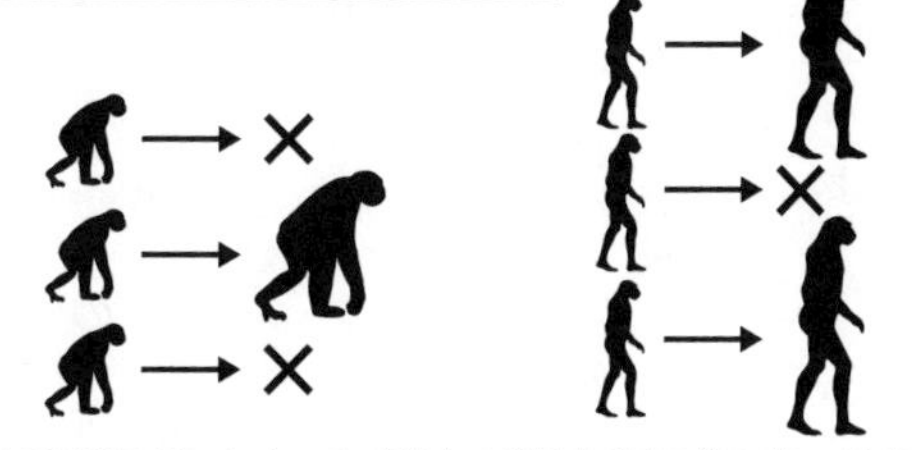

親の形質の違いによって、成体まで成長する子の数に違いがでる

④ ある形質を持つ個体の増加

図3 自然選択の仕組み

子が生き残って大人になっても直立二足歩行をする個体は増えていかないことになる。

一方、一夫一婦制の社会ならば、どうなるだろうか。この場合は、ペアになったメスが産んだ子は、ほぼ自分の子と考えてよい。したがって、直立二足歩行によって食物を運び、「生存や繁殖を有利」にしてあげた子は、自分の子だ。自分の子には直立二足歩行が遺伝するので、その子が生き残って大人になれば直立二足歩行をする。だから、直立二足歩行をする個体は増えていくことになる。

もっとも、完全に一夫一婦制でなくてもよい。これまでの議論をまとめれば、「自分の子には食物を運び、他人の子には食物を運ばない（どの子が自分の子かわかる）」場合には直立二足歩行は進化するし、「自分の子にも他人の子にも等しく食物を運ぶ（どの子が自分の子かわからない）」場合には直立二足歩行は進化しないことになる。だが、その中間の「自分の子にも他人の子にも食物は運ぶが、自分の子により多くの食物を運ぶ（どの子が自分の子かだいたいわかる）」場合でも、直立二足歩行は進化する。おそらく初期の人類で、いきなり一夫一婦制が成立したわけではないだろう。多夫多妻的な社会の中から、一夫一婦的なペアが形成されるような中間的な社会を経由したのだと思われる。

他の霊長類にはない特徴

このような一夫一婦的なペアが作られたのは、とても珍しいことである。いや、確かに霊長類の中にもテナガザルのように、一夫一婦的なペアを作る種はいる。しかし、それらの種ではペアごとに離れて暮らしており、集団生活はしていない。複数のオスやメスがいる集団の中で、ペアを作るのは難しいのだろう。テナガザルがペアである2匹だけで暮らしていけるのは、森林に住んでいるからだ。森林は危険の少ない環境なので、集団で肉食獣を警戒したり追い払ったりする必要が少ないからだ。

一方、疎林や草原のような危険の多い環境では、ヒヒのように集団生活をしなければ暮らしていけない。しかし、集団生活の中で一夫一婦的なペアを作ることは難しいので、人類以外にそういう種はいない。集団生活の中でペアを作ったのは、人類が初めてなのだ。

集団生活の中のペアも、直立二足歩行も、他の霊長類には見られない人類だけの特徴である。ということは、もしかしたら両者の間には関係があるかもしれない。そして、確かに思考実験においては、一夫一婦的な社会であれば食料運搬仮説は無理なく成り立ち、直立二足歩行は進化するのである。

人類の犬歯は小さくなっている。この事実は、人類が一夫一婦制かそれに近い社会を作っていたことを、おそらく示している。確実とは言えないが、直立二足歩行が進化した理由としては、現在のところ食料運搬仮説がもっとも可能性の高い仮説と言ってよいだろう。

第5章　こうして人類は誕生した

私たちの祖先はチンパンジーではない

　これまで犬歯が小さく進化したことや、直立二足歩行が進化したことを述べてきた。つまり、人類の誕生について述べてきたわけだ。ところで、人類が誕生したということは、人類になる前の祖先が人類に変化したということだ。どこがどう変化したかは、人類と人類になる前の祖先を比べてみないとわからない。人類になる前の祖先を知らなければ、人類の誕生について語れないのである。

　人類になる前の祖先を推測するときには、人類にもっとも近縁な生物であるチンパンジー類を参考にすることが多い。だが、これにも限界がある。人類とチンパンジー類が分岐したのは約700万年前である。ということは「人類とチンパンジー類の共通祖先」が、約700万年前にいたわけだ。それから人類は、約700万年間も進化し続けて、私たちヒトが生まれた。だから「人類とチンパンジー類の共通祖先」とヒトは、形も行動もずいぶん違う生物のはずだ。

一方、チンパンジー類だって進化し続けている。「人類とチンパンジー類の共通祖先」が、人類とは別の道を約700万年間も進化し続けて、チンパンジーやボノボが生まれたのだ。だから「人類とチンパンジー類の共通祖先」と今のチンパンジーやボノボは、形も行動もずいぶん違う生物のはずだ。考えてみれば当たり前のことだが、私たちの祖先はチンパンジーやボノボではないのだ。それでは、私たち人類の祖先は、どんな生物だったのだろうか。

人類の祖先も道具を使っていた

「人類とチンパンジー類の共通祖先」はチンパンジーではない。しかし「人類とチンパンジー類の共通祖先」がどんな形質を持っていたかを推測するときに、チンパンジーの形質が役に立つ場合もある。それは、その形質を、チンパンジー以外の現生の大型類人猿も持っている場合だ。「人類とチンパンジー類の共通祖先」が大型類人猿であったことは確かなので、大型類人猿が共有している形質は「人類とチンパンジー類の共通祖先」も持っていた可能性が高いからである。

それではまず、道具の使用から検討してみよう。チンパンジーは道具を使うことがよく知られている。シロアリの塚に枝を差し込んで、シロアリを釣り上げて食べたり、硬いナッツを平らな石の上に乗せて、別の石をハンマーのように打ちつけて割ったり、木の葉を噛んでスポンジのようにして、木の洞にたまった雨水に浸して吸収させて、水を飲んだりする。

ゴリラは道具を使わないようだが、オランウータンは枝を使って、硬い殻の中の実を取り出すことが知られている。野生のボノボはほとんど道具を使わず、枝や葉で毛づくろいをする程度だが、飼育下ではチンパンジーにも負けないぐらい道具を使う能力を発揮する。

これらの道具の使用は、生まれつき持っているものではなく、成長していく途中で習得するものだ。そのため、これらの道具の使用は、地域によって異なるし、世代を超えて受け継がれていくので、文化と言ってよいだろう。

このように、道具を使用する能力は大型類人猿に一般的だと考えられるので、「人類とチンパンジー類の共通祖先」も道具を使っていたと考えるのが自然だろう。人類が道具を使用した明らかな証拠は、約330万年前の石器まで待たないと現れない。しかし、それ以前から、枝や葉のように腐って残らないもので道具を作ったり、あるいは石を加工しないでそのまま道具として使ったりはしていただろう。

ニホンザルは食物を分け合わない

日本の動物園のサル山にいるのは、たいていニホンザルだ。このニホンザルをいくら眺めていても、食物を仲間と分け合ったりはしない。草原に住むヒヒも、食物を分け合ったりしない。しかしゴリラの場合は、オスが果実をちぎってメスや子に分け与えることがある。チンパンジーやボノボでも、似たような食物の分配が見られる（ただし類人猿以外にも、タマリンなど食料の分配をする霊長類はいる）。

このような食物の分配は、自分の子や、自分の子の世話をしてくれるメスに対してだけでなく、他のオスに対しても行われる。Aというオスが血縁関係のないBというオスに食物を分け与えてBの「生存や繁殖を有利」にしても、Aの「生存や繁殖に有利」にはならないので、本来ならこのような行動は進化しないはずだ。でも実際に進化しているのだから、何か理由があるのだろう。その可能性の1つとして「社会関係の構築」がある。

ゴリラは基本的には一夫多妻だが、群れの中に複数のオスがいることもある。チンパンジーやボノボのオスは、自分が生まれた群れを生涯離れない。こういう社会で優位（社会的地位が高い）のオスが群れの中でうまくやっていくには、自分の力だけでは無理だ。メスだけでなく劣位（社会的地位が低い）のオスも味方にする必要がある。その協力関係を作るために、食物が使われている可能性があるのだ。

ただし、これらの類人猿は、仕方なく食物の分配をしているらしい。相手から要求されなければ食物を分け与えないし、与えるときも2つあれば小さい方を与えるようである。

現生の類人猿で食物の分配が行われているのだから、「人類とチンパンジー類の共通祖先」も食物を分配しただろう。もしそうなら初期の人類で、オスが手で食物を持ってメスや子に届ける行動が進化しても、そう不自然ではなさそうだ。

ナックル歩行の複雑な事情

動物園のサル山でニホンザルが四つ足で歩いているところを眺めると、手のひらを地面につけて歩いているのがわかる。これが霊長類の普通の歩き方である。ところが、チンパンジーやゴリラは、拳（こぶし）の外側を地面につけて歩く。この歩き方をナックル歩行という（親指以外の4本の指は、2つの関節によって3つの部分に分けられる。その真ん中の部分を中節という。

図4　ナックル歩行をするローランドゴリラ　写真提供：毎日新聞社

ナックル歩行は正確には、親指以外の4本の指の中節を地面につける歩き方）。ボノボもナックル歩行をすることがある。オランウータンはナックル歩行をしない。ナックル歩行に似た歩き方をすることはあるが、そのときでも握り拳を作るだけである。

　ナックル歩行をする現生の大型類人猿がいるのだから、「人類とチンパンジー類の共通祖先」もナックル歩行をしていたと考えたくなる。だがナックル歩行に関しては、ちょっと事情が複雑なのだ。

　チンパンジーやゴリラは、手で枝をつかんで体を下にぶらさげるのが得意である。そのため腕が発達していて、腕が脚より長い。手首よりも先の、手も長い。また、指を曲げて手をフック状にして枝にぶらさがるため、指や手首の骨に補強構造がある（ナックル歩行をしないオランウータンにはこの構造がない）。さらに、上半身が発達している反面、腰が短く、腰椎（腰の部分の脊椎）は4個しかない。中新世（約2300万年前〜約530万年前）の多くの化石類人猿の腰椎はだいたい6個あったので、おそらくチンパンジーやゴリラの祖先も、腰椎が6個ぐらいはあっただろう。しかしその後、チンパンジーやゴリラは、腰椎の数を減らすように進化して4個になったのだ（ちなみに、現在の多くのヒトの腰椎は5個だが、まれに6個のヒトもいる）。

チンパンジーやゴリラのナックル歩行は、このような、ぶら下がり型の樹上生活に適応したために生じた可能性が高い。ぶら下がり型に適応すると、手から腕にかけて内側の筋肉や腱（けん）が短くなり、手首を外側に曲げられなくなる。そうなると、ニホンザルのように手のひらを地面につけて歩くことができなくなる。それで、ナックル歩行をするようになったのだと思われる。

ところが、初期の人類であるアルディピテクス・ラミダスには、ぶら下がり型の特徴がないのである。アルディピテクス・ラミダスは、腕より脚の方が長いし、手のひらも短いし、手首の補強構造もないし、腰も長くて腰椎は6個あった。おそらくアルディピテクス・

ラミダスは、中新世の類人猿の、普通の四足歩行型の特徴をそのまま受け継いだのだ。アルディピテクス・ラミダスも樹上生活に適応していたが、チンパンジーのようなぶら下がり型ではなかったのだろう。

おそらく、人類とチンパンジー類の共通祖先は、普通の四足歩行型だった。人類はそのまま普通の四足歩行型の特徴を受け継ぎ、そこから直立二足歩行を進化させた。一方、チンパンジー類は、人類と分岐したあとで、ぶら下がり型に進化した。したがって、人類の祖先のモデルとしてチンパンジーは役立つときもあるが、ナックル歩行やぶら下がり型の樹上生活に関しては、人類の祖先のモデルにはならない。おそらく人類の祖先は、樹上を歩くときも、ニホンザルのような普通の四足歩行をしていたのだろう。

同じ進化は別々に起こり得る

現在のチンパンジーとゴリラは、両方ともぶら下がり型でナックル歩行をする。ということは、もし人類とチンパンジー類の共通祖先が普通の四足歩行型であれば、ぶら下がり型やナックル歩行はチンパンジーとゴリラで別々に進化したことになる。こんなことが、起こり得るのだろうか。

結論から言うと、起こり得るようだ。中新世の化石類人猿の1つに、シヴァピテクスがいる。シヴァピテクスは約1000万年前の類人猿で、現生のオランウータンに似た、独特な顔の形をしている。ヒトやボノボやチンパンジーやゴリラに至る系統とオランウータンに至る系統はすでに約1500万年前には分岐していたと考えられるので、シヴァピテクスはオランウータンに至る系統に属すると考えられる。おそらくシヴァピテクスは、オランウータンの祖先か、それに近縁な類人猿なのだ。

オランウータンの行動様式は、チンパンジーやゴリラと同じくぶら下がり型である（しかしナックル歩行はしない）。ところが、オランウータンの祖先（あるいはその近縁種）と考えられるシヴァピテクスの化石には、ぶら下がり型の特徴がほとんどないのである。

したがって、オランウータンのぶら下がり型の行動は、チンパンジーやゴリラとは別々に進化したことになる。おそらく条件が揃えば、ぶら下がり型の行動やナックル歩行が進化するのは、それほど難しくないのだろう。オランウータンでもぶら下がり型が独立に進化したのなら、チンパンジーとゴリラで別々に進化してもおかしくない。

枝にぶら下がっていれば、背骨が真っすぐに伸びる。そのため、ぶら下がり型の樹上生活から直立二足歩行が進化したと考えられていた時期もあった。しかし、そうではなさそうだ。

人類の祖先は、道具を使い、食物を分け合い、ナックル歩行ではなく普通の四足歩行をする、樹上に住む類人猿だった。それはチンパンジーとは異なる類人猿だ。その類人猿から700万年をかけて、ヒトとチンパンジーが進化したのである。ヒトはチンパンジーから進化したわけではない。それは、チンパンジーがヒトから進化したわけではないのと同じことである。

第2部

絶滅していった人類たち

第6章　食べられても産めばいい

アウストラロピテクス対ピルトダウン人

これまで述べた4種の化石人類が生きていた時代は、約700万年前から約440万年前であった。その後の約420万年前からは、次の時代の人類であるアウストラロピテクスが出現する。

アルディピテクス・ラミダスの化石が産出する約440万年前の地層からは、アウストラロピテクスの化石はまったく見つかっていない。逆に、最古のアウストラロピテクスであるアウストラロピテクス・アナメンシスの化石が産出する約420万年前〜約390万年前の地層からは、アルディピテクスがまったく見つかっていない。おそらく約440万年前〜約420万年前のあいだに、アルディピテクスが絶滅し、アウストラロピテクスが出現したのだ。それはなぜだろうか。それについて考えるために、まずはアウストラロピテクスがどんな人類だったのかを見てみよう。

およそ100年前のことである。まだ、これまでに述べた4種の初期人類の化石が見つかっていなかった時代だ。オーストラリア生まれで南アフリカに住んでいた解剖学者レイモンド・ダート（1893〜1988）は、南アフリカのタウングにある石灰岩の採石場から発見された化石を、アウストラロピテクス・アフリカヌスと命名して、1925年に発表した。採石場で見つかったため正確な年代はわからないが、おそらく250万年ぐらい前の化石だろうと言われている。

それは幼児の頭蓋骨の化石で、タウング・チャイルドと呼ばれている。小さい脳や突き出した顎など類人猿的な特徴も持っていたが、小さい犬歯、頭蓋骨の下側にある大後頭孔、小さい眼窩上隆起といった、ヒトに似た特徴も持っていた。そこでダートはこの化石を、類人猿ではなく人類であると結論した。

しかしこの結論は、多くの人類学者には認められなかった。アフリカ生まれの古人類学者であるリチャード・リーキー（1944〜）によれば、認められなかった理由の1つは、類人猿のような化石を人類の祖先とすることに不快感があったからだという。ダーウィンの『種の起源』が出版されてから60年以上が経っても、ヒトがサルの仲間から進化したこ

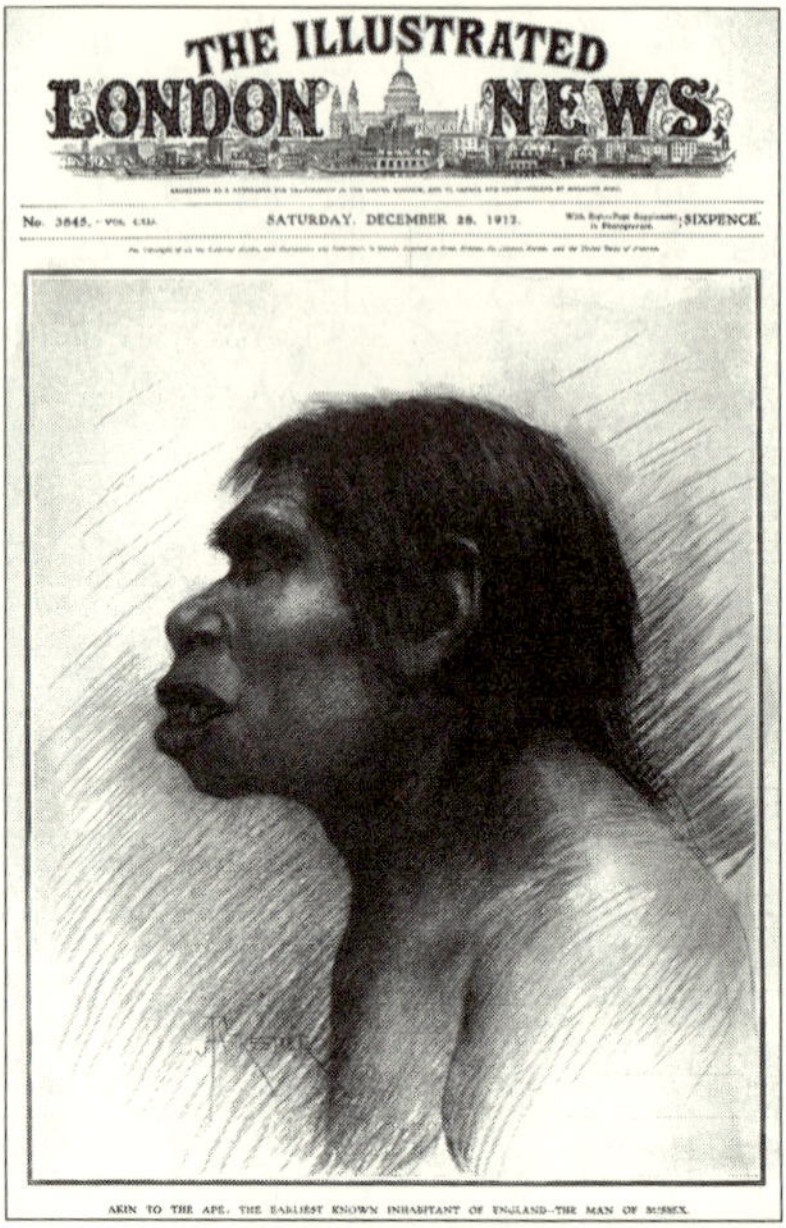

図5 『THE ILLUSTRATED LONDON NEWS』に掲載されたピルトダウン人の絵 © The Granger Collection/amanaimages

とに不快感を持つ人は少なくなかったようだ。

２つ目の理由は、ピルトダウン人の化石だ。この化石は、イギリスのピルトダウンの採石場から発見された。ピルトダウン人は下顎が非常に類人猿的なので、人類が類人猿と分岐してすぐの、かなり初期の人類だと考えられていた。だが、実はこの化石はインチキで、ヒトの頭蓋骨にオランウータンの下顎をはめて、着色したり歯を削ったりしたものだった。ピルトダウン人の化石の発見には、弁護士のチャールズ・ドーソンと大英博物館のアーサー・スミス・ウッドワードと神学者のテイヤール・ド・シャルダンが関与していたが、化石をねつ造した犯人がこの中の誰なのか、今となってはわからない。いずれにしても、１９１２年にピルトダウン人が学会に報告されると、多くの科学者はそれを信じてしまったのである。

　信じてしまった主な理由は、多くの研究者が化石そのものを研究できなかったことだ。実際に研究に使われたのは、たいてい石膏で作った複製だったのである。もちろん複製でも化石の形態の研究はできるので、通常はそれほど問題にならない。しかし、元の化石を見なければ、加工されているかどうかはわからないのだ。

　しかし、ダートの結論が認められなかったのには、それ以外の偏見も影響していた。アウストラロピテクス・アフリカヌスはアフリカから産出したが、ピルトダウン人はイギリスから産出したのだ。ヨーロッパの人類学者にとっては、やはり人類の進化の先頭に立っていたのは、ヨーロッパの化石人類であって欲しかったのだろう。ヨーロッパの人類は進んでいて、アフリカの人類は遅れている、と思いたかったのだ。

　別の偏見としては、脳の大きさがある。アウストラロピテクス・アフリカヌスは、脳が小さかった。したがって、アウストラロピテクス・アフリカヌスが人類だとすれば、直立二足歩行が先に進化して、脳の増大は後から起きたことになる。ところがピルトダウン人の場合は、顎は類人猿的なのに（オランウータンの顎をくっつけたのだから当然だ）脳は大きかった。つまり人類では、脳の増大が真っ先に起きたことになる。

私たちヒトの脳は大きいので、つい脳が大きいことが人類最大の特徴だと思いがちだ。チンパンジー類と分かれたら、すぐに脳が大きくなったと考えがちだ。しかし、そうでないことは、今まで見てきたとおりである。

結局、ピルトダウン人のねつ造は、バレることになる。1949年にピルトダウン人の化石中のフッ素が測定されたのだ。堆積物に埋まっていた骨は、周囲からフッ素を取り込む性質がある。したがって古い骨にはフッ素がたくさん含まれているはずなのだが、ピルトダウン人の化石にはほとんどフッ素が含まれていなかった。したがってピルトダウン人の化石は、長いあいだ地中に埋まっていたものではなかったことがバレてしまった。そうなると色々と調べられて、ピルトダウン人のねつ造が明らかになったのである。

もっとも、ねつ造がバレる前から、ピルトダウン人の信用は落ち始めていた。アウストラロピテクスの化石が次々と発見されて、レイモンド・ダートの考えが確からしくなっていたのだ。一方のピルトダウン人の化石は、1916年にドーソンが死ぬと、その後まったく発見されなくなった。

原始形質と派生形質

アウストラロピテクス・アフリカヌスよりも前に発見されていた化石人類は、ネアンデルタール人（1856年）とジャワ原人（ホモ・エレクトゥス、1891年）とハイデルベルク人（ホモ・ハイデルベルゲンシス、1907年）だけである。それらはすべて、私たちヒトと同じホモ属に分類されている。しかし、アウストラロピテクス・アフリカヌスは、それらよりずっと古い時代に生きていた。人類的な特徴もあるが、類人猿的な特徴も数多く残していた。では、アウストラロピテクス・アフリカヌスは、どのようにして人類と判断されたのだろうか。

ヒト（人類）とチンパンジー（類人猿）とアウストラロピテクス・アフリカヌスの形質を、次のように簡単にまとめて考えよう。

ヒト	（1）大きな脳	（2）頭蓋骨の下側の大後頭孔
アウストラロピテクス・アフリカヌス	（1）小さな脳	（2）頭蓋骨の下側の大後頭孔
チンパンジー	（1）小さな脳	（2）頭蓋骨の後側の大後頭孔

アウストラロピテクス・アフリカヌスの2つの形質のうち、ヒトと共有している形質が1つ、チンパンジーと共有している形質も1つなので、これだけではどちらに近縁なのかわからない。アウストラロピテクス・アフリカヌスが人類なのか、類人猿なのか、決められない気がする。でも、そんなことはない。ちゃんと決まるのだ。

ここで仮に、ある学校を考えてみよう。そこには生徒が2人いて、先生が授業をしている。先生が生徒に教えたことは次の2つだ。

(1) 日本一高い山は富士山である。
(2) 日本一長い川は信濃川である。

それから先生は、テストをした。テストの問題は、

(1) 日本で一番高い山は何か。
(2) 日本で一番長い川は何か。

の2問である。テストが終わって答案を見ると、2人の答えは次の通りだった。

Aさん　(1) 富士山　(2) 多摩川
Bさん　(1) 富士山　(2) 多摩川

この答案を見て、先生はカンニングを疑った。

先生がおかしいと思ったのは、(2) の答えだ。授業中に黒板に書いたのは「信濃川」である。黒板に書いてもいない「多摩川」という単語がAさんとBさんで一致しているのは不自然である。きっと2人は悪友で、答えを見せ合ったに違いない。先生はそう思ったのである。

ところでAさんとBさんの答案を見ると、(1) の答えも一致している。しかし、これは先生が黒板に書いた通りなので、カンニングの証拠にはならない。AさんとBさんの間で答えを見せ合ったと考えなくても、AさんもBさんも授業を聞いていたと考えればよいからだ。AさんもBさんも、半分ぐらいは授業を聞いていたのだろうと、先生は考えたのだ。まとめると、こういうことになる。

Aの答え＝Bの答え ≠黒板 → AとBを悪友としてまとめる根拠になる。
Aの答え＝Bの答え＝黒板 → AとBを悪友としてまとめる根拠にならない。

つまりAとBが同じ答えでも、オリジナル（黒板）とも同じならば、AとBを悪友としてまとめる根拠にはならない。一方、AとBが同じ答えで、オリジナル（黒板）とは異なる場合は、AとBを悪友としてまとめる根拠になる。これをアウストラロピテクス・アフリカヌスに当てはめて考えれば、オリジナル（共通祖先）と同じ形質（原始形質という）は、系統をまとめる根拠にならず、オリジナル（共通祖先）と異なる形質（派生形質という）のみが系統をまとめる根拠になる、ということだ。

ヒトとチンパンジーとアウストラロピテクス・アフリカヌス３種の共通祖先の形質は、中新世の化石から判断すると、

（1）小さな脳
（2）頭蓋骨の後側の大後頭孔

であった可能性が高い。その場合、「小さな脳」は原始形質になるので、チンパンジーとアウストラロピテクス・アフリカヌスが共有していても、両者を系統的に近縁だとする根拠にはならない。一方、「頭蓋骨の下側の大後頭孔」は派生形質になるので、ヒトとアウストラロピテクス・アフリカヌスが共有していれば、両者が系統的に近縁な根拠となる。こうして原始形質は無視して、派生形質だけを使って、系統を考えていけばよいのである。

　この場合は、アウストラロピテクス・アフリカヌスは、チンパンジーよりもヒトに近縁になる。つまり、アウストラロピテクス・アフリカヌスは、人類だと結論されることになる。

共通祖先	（1）小さな脳	（2）頭蓋骨の後側の大後頭孔
ヒト	（1）大きな脳	（2）頭蓋骨の下側の大後頭孔
アウストラロピテクス・アフリカヌス	（1）小さな脳	（2）頭蓋骨の下側の大後頭孔
チンパンジー	（1）小さな脳	（2）頭蓋骨の後側の大後頭孔

もちろん実際には、こう簡単にはいかないことが多い。原始形質か派生形質かわからないこともあるし、連続的な形質の場合はどちらに入れていいのか判断に迷う場合もある。そこで総合的に判断する必要があるが、他の形質も使って判断したところ、アウストラロピテクス・アフリカヌスが人類であることは間違いない、と結論されたのである。ダートは正しかったのだ。

直立二足歩行が上手くなる

最初に見つかったアウストラロピテクス属の化石は、南アフリカのアウストラロピテクス・アフリカヌスである。最古の化石は300万年以上前に遡（さかのぼ）ると言われたこともあったが、約280万年前〜約230万年前が生存期間としては妥当であろう。だが、その後、数種のアウストラロピテクスが発見された。その中でも東アフリカのアウストラロピテクス・アファレンシスは比較的化石が多く、よく研究されている。約390万年前〜約290万年前に生きていた人類である。

アウストラロピテクス・アファレンシスの化石の中でもっとも有名なものは「ルーシー」と呼ばれる若い女性の化石だ。1974年にエチオピアのハダールの約320万年前の地層から発見されたものである。人類の全身骨格は約200個の骨から成るが、そのだいたい20パーセントほどが揃っていた。これは古い人類の化石としては驚異的な数字である（もろくて見つかることが最初から期待できない骨は勘定に入れない場合もあるし、破片になった骨は数え方が難しい。そのため全身骨格の約40パーセントが見つかったとしている本もある）。身長は約110センチメートルで、これはアウストラロピテクス・アファレンシスの女性の中でも小柄な方だ。「ルーシー」という名前の由来は、この大発見を祝ってキャンプでビールを飲みながら、ビートルズの1967年の曲である「ルーシー・イン・ザ・スカイ・ウィズ・ダイアモンズ」を大音量で一晩中流し続けて、騒いだことによるそうだ。

ルーシーは素晴らしい化石だが、残念なことに頭蓋骨はほとんどなく、脳の大きさはわからなかった。しかし他の化石から考えると、アウストラロピテクス・アファレンシスの脳容量は、平均で450ccぐらいだろう。個体差もあるのではっきりしたことは言えないが、チンパンジーや初期人類よりは少し大きくなったようだ。

アウストラロピテクスは、アルディピテクス・ラミダスよりも、かなりすぐれた直立二足歩行をしていたらしい。アウストラロピテクスの足の親指は、現生のヒトよりは動くようだが、アルディピテクス・ラミダスに比べると、ほとんど動かなくなっている。足の親

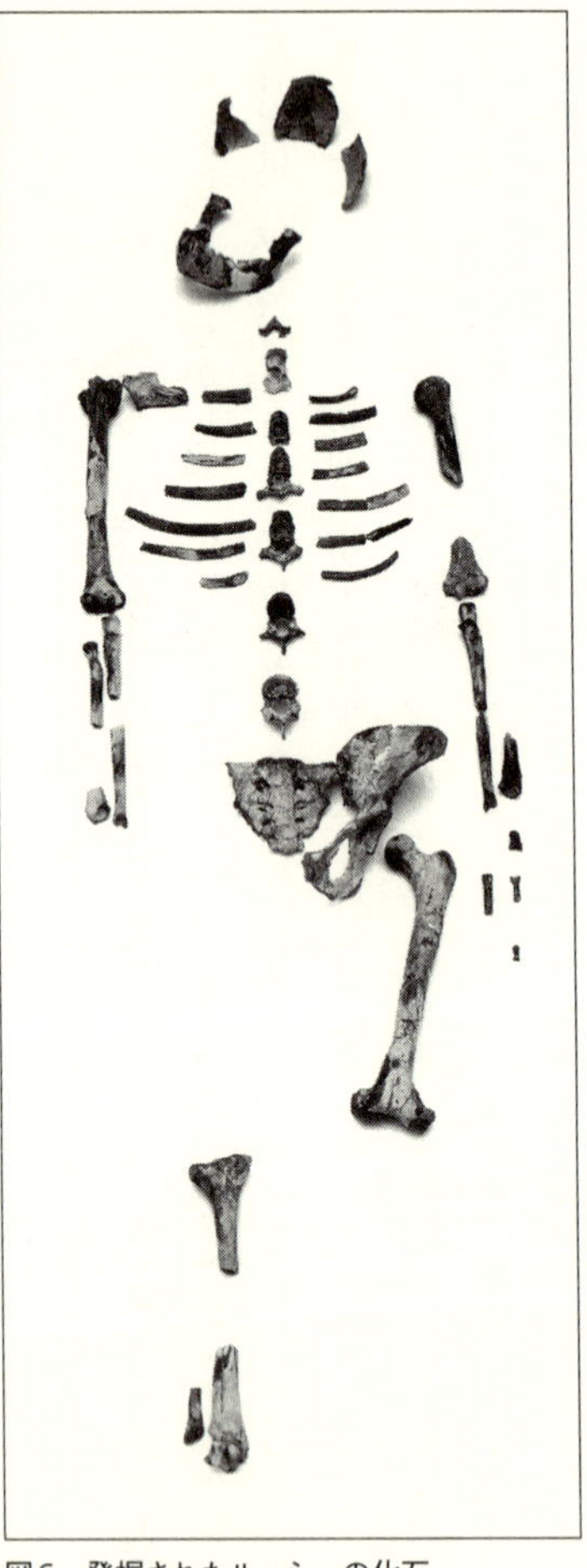

図6　発掘されたルーシーの化石
© Science Photo Library/amanaimages

指の向きも、他の指と対向していなくて、ほぼ平行だ。樹上生活で枝をつかむのには、あまり役に立たなそうだ。また、アルディピテクス・ラミダスにはなかった足の裏のアーチ構造（土踏まず）が、アウストラロピテクスにはある。これは足が着地するときの衝撃を吸収し、足を後ろに強く蹴り出すときにも役立つ。

アウストラロピテクスの直立二足歩行が優れたものであったことが、はっきりとわかるもう1つの証拠は、足跡の化石である。もっとも有名なものは1976年にタンザニアのラエトリで発見されたものだ。年代はおよそ375万年前で、人類最古の足跡である。アウストラロピテクス・アファレンシスの足跡と考えられている根拠は、近くからアウストラロピテクス・アファレンシスの骨の化石が見つかっているからだ。

ちなみに、化石は3種類に分けられる。骨や貝殻のように体（の一部）が残ったものを体化石、足跡や巣穴のように活動の跡が残ったものを生痕化石、DNAや同位体比のように生物に由来する分子や原子が残ったものを化学化石という。

このラエトリの生痕化石には3人あるいは4人分の足跡が残されているが、注目すべきは約27メートルにわたって2人が並んで歩いたように見える足跡だ。1つは大きく、もう1つは小さい。想像を逞しくして言えば、親子が仲良く並んで歩いていたようで微笑ましい（もちろん真実はわからないけれど）。この足跡から、土踏まずがあったことがわかる。千鳥足めいたところはなく、しっかりした足取りで歩いていたようだ。

重視すべきは下半身

かつては、アウストラロピテクスは樹上生活をしていたという主張もあった。それは腕や指が長いことなど、上半身の特徴を重視した意見だった。しかし、アウストラロピテクスの足には土踏まずがあるし、足の親指は他の指とほとんど向き合っていない。明らかに地上を歩くのに適していて、樹上で生活するのには適していない足だ。つまり上半身は樹上生活に適応していて、下半身は地上生活に適応しているように見えるのだ。こういうときは、どう考えたらよいのだろうか。

以前、サルの仲間は四手類（しし　ゅ）と呼ばれていたことがあった。足でも枝がつかめるので、手が4本ある動物という意味だ。そういう意味では、ヒトは4本の手のうち2本は足になった。そして足では枝がつかめなくなったが、手では相変わらず枝をつかむことができる。つまりヒトとサルで大きく違うのは、手ではなくて足なのだ。もちろん手も少しは違うが、足ほどの違いではない。だから樹上生活か地上生活かを判断するときには、下半身を重視すべきなのだ。したがって、アルディピテクス・ラミダスと比べると、アウストラロピテクスの方がはるかに地上生活に適応していたと結論してよいだろう。

安定炭素同位体比の研究結果からも、アウストラロピテクスが主に草原の食物を食べていたことがわかった。アルディピテクス・ラミダスの安定炭素同位体比はチンパンジーに近く、主に森林の食物を食べていたと推定されたのとは対照的である。

さらに歯を見ても、アウストラロピテクスが草原の食物を食べていたことがわかる。アウストラロピテクスの臼歯はアルディピテクスより大きく、電子顕微鏡で見ると摩耗した傷がはっきりとついている。おそらくアウストラロピテクスは草原で、イネ科の硬い葉や砂にまみれた食物を食べていたのだろう。アルディピテクスもアウストラロピテクスも、森林と疎林と草原にまたがって生きていたのだろうが、アウストラロピテクスになると草原の比重が高くなったことは間違いない。

　アウストラロピテクスは、偶蹄（ぐうてい）類などの草食動物を食べることもあったようだ。エチオピアで発見された約３４０万年前の偶蹄類の骨に、石で傷がつけられていたからだ。これを人類最古の石器の証拠とする研究者もいるが、実際に石器が見つかったわけではないし、ただの石を使った可能性もある。

　しかしその後、ケニアのトゥルカナ湖岸から、ほぼ同時代である約３３０万年前の石器が大量に見つかった。原石を打ち欠いて分離させた剥片（はくへん）と、それがピッタリはまる原石の両方が見つかったので、石器を製作していた場所だったのかもしれない。

　この石器の製作者としてはケニアントロプス・プラティオプスが、約３４０万年前の偶蹄類の骨に傷をつけた者はアウストラロピテクス・アファレンシスが候補とされている（ケニアントロプス・プラティオプスという種を作るのに反対する研究者もいる。ケニアントロプス・

プラティオプスの化石の一部はアウストラロピテクス・アファレンシスとした方がよい、という見解もある)。アウストラロピテクスが草原で草食動物を解体して食べていたことは確かなようだ。

また、アウストラロピテクスの化石は、アルディピテクスの化石よりたくさん産出する。これは堆積環境のせいで、アルディピテクスの化石は残りにくかったのだという意見もある。たとえば、森林性の動物が死んで、死体が森林の土壌に埋まると、腐って骨も風化してしまう。したがって、森林性の動物の化石は残りにくいというのだ。しかし、その効果を差し引いても、アルディピテクスの化石よりアウストラロピテクスの化石はたくさん産出するようだ。やはりアウストラロピテクスの個体数は、多かったのではないだろうか。

一方、アフリカは乾燥化が進んでいたので、森林が減っていた可能性が高い。これは非常に大ざっぱな憶測にすぎないが、森林が減っていくのにアウストラロピテクスが繁栄して分布を広げていったとすれば、もう木の上では寝ていなかったのではなかろうか。夜は森林か疎林に帰って樹上のベッドで寝るのであれば、草原に出てもあまり遠くまでは行けない。夜には木のあるところに帰って来なくてはならないからだ。しかし樹上で寝る必要がなければ、その制約から解放される。それなら、行動範囲や分布をずっと広げることができるはずだ。

どうやって身を守ったのか

少し復習しておこう。直立二足歩行をすると走るのが遅くなる。頭が高くなるので遠くが見渡せてよいと言う人もいるけれど、こっちから遠くが見えるということは、逆に、遠くからでもこっちが見えるということだ。目立つのだ。目立つから、すぐに肉食獣に見つかってしまう。そして見つかったら、もうおしまいだ。走って逃げたって、どうせ捕まって食べられてしまう。まったく直立二足歩行なんて、不便なものだ。だから、草原に住んでいる動物はたくさんいるのに、ただの一度も直立二足歩行なんて進化しなかったのだ。

でも、人類は初めて直立二足歩行を進化させた。それは、おそらく食料を手で運んで、子を育てるためだった。だが、走るのが遅いのは避けられない運命だ。そこでアルディピテクスは、肉食獣がくると、木の上に逃げた。そして木の上で眠った。

ここまでは、わかる。でも、アウストラロピテクスが草原に出て行ったら、どうなるだろう。木の上には逃げられないし、武器らしい武器もまだ作れないのだ。子を育てるために食料を手で運ぶことができても、その途中で肉食獣に食べられてしまったら意味がない。

何だかアウストラロピテクスは、すぐに絶滅しそうだ。でも実際には、絶滅しなかった。それどころか、アルディピテクスよりも繁栄したのだ。それではアウストラロピテクスは、どうやって身を守ったのだろうか。それを検討するために、現在のアフリカで草原に住んでいる、ヒヒの身の守り方を参考にしてみよう。

ヒヒの身の守り方は、4つほどあると言われている。1つ目は体を大きくすることだ。ヒヒは大型類人猿の次に大きな霊長類で、体重は20～24キログラムぐらいある。体が大きいことは、それだけで防御になる。さすがにライオンも、大人のゾウは襲わないのだ。これに関しては、アウストラロピテクスは合格だ。アウストラロピテクスはヒヒより少し大きいからだ。

2つ目は速く走ることだ。ヒヒのもっとも重要な防御は、この走ることかもしれない。何しろヒヒは霊長類の中で、もっとも速く走れるからだ。これに関しては、アウストラロピテクスは不合格だ。あとで述べるが、アウストラロピテクス属からホモ属になると、直立二足歩行はさらに洗練されたものとなった。そのホモ属のメンバーである私たちヒトでさえ、ヒヒより走るのは遅いのだ。アウストラロピテクスが、ヒヒよりずっと遅かったのは確実だ。

3つ目は牙（大きな犬歯）だ。ヒョウはヒヒの捕食者だが、日中はヒヒを襲わないという。それはヒヒに、牙を使って反撃されるからだ。だからヒョウは、ヒヒが寝ている夜に襲うのだ。これに関しては、アウストラロピテクスは不合格だ。何しろ犬歯が小さくて、牙として役に立たないからだ。

4つ目は群れ（集団）を作ることだ。集団が大きくなれば、捕食者に見つかりやすくなるけれど、自分が捕まる可能性は低くなる。捕食者はヒヒを一度に何頭も食べないからだ。また、1匹1匹は弱い動物でも、多勢で立ち向かえば、肉食獣を追い払えることもある。これに関しては、アウストラロピテクスはおそらく合格だ。人類の祖先は、人類になる前から食物を分配していたようだし、人類になれば、高度に協力的な社会関係を作った可能性があることは、前に指摘した。また、アルディピテクスに比べると、アウストラロピテクスは脳が少し大きくなっている。そのため、より高度で協力的な社会活動が可能になっていたかもしれない。

アウストラロピテクスが集団を作っていたことは十分に考えられる。そこにはきっとヒヒ以上の協力関係があっただろう。オス同士が協力して大声を出したり枝を振り回したりして、捕食者を追い払うことぐらいはしたかもしれない。

総合的に考えると、どうだろう。アウストラロピテクスは草原で生きていけるだろうか。アウストラロピテクスには、体は大きく、集団を作るという長所があるが、走るのが遅く、牙がないという短所がある。4つの身の守り方の中で、ヒヒやアウストラロピテクスにとって一番生死に直結するのは、草原に住む他の多くの植物食動物と同じく、速く走ることだろう。走るのが遅いのは、やはり致命的だ。総合的に考えれば、樹上で生活していた祖先よりも、アウストラロピテクスの方が、肉食獣に食べられる確率が高くなったのは確かだろう。

それでは、アウストラロピテクスは、どうすればいいのだろうか。いや、食べられてもいいのだ。というか、食べられるのは大切なことなのだ。もしも、肉食獣にまったく食べられなかったら、アウストラロピテクスはどんどん増えてしまう。ある程度は肉食獣に食べられた方が、人口を増やさずに生態系のバランスをとることができるのだ。

それに、森林に住んでいれば危険はゼロだが、草原にでれば危険だらけ、というわけではない。森林に住んでいたって、草原に住んでいたって、危険はあるのだ。肉食獣には食べられるのだ。森林に住んでいるゴリラだって、ヒョウに食べられることがある。つまり問題は、森林で生活していた祖先よりも、草原で暮らしていたアウストラロピテクスの方が、より多く食べられてしまうということだろう。要は程度の問題だ。それなら解決策はある。多く食べられた分だけ、たくさん産めばいいのである。実際、草原に住む霊長類は、森林に住む霊長類よりも、多産の傾向がある。人類も例外ではなかったのだろう。

なぜヒトはたくさん子供を産めるのか

さきほど述べたアウストラロピテクス・アフリカヌスの最初の化石であるタウング・チャイルドの頭蓋骨には、小さな穴や傷がたくさんついていた。これらは、おそらくワシに襲われた跡であり、タウング・チャイルドはワシにさらわれた犠牲者なのだろう。実際、アウストラロピテクスは、肉食獣にかなり食べられていたようだ。でも、食べられたって絶滅するとは限らない。食べられて減った分は、産めばいいのだ。

現生のチンパンジーの兄弟姉妹には、年子がいない。チンパンジーの授乳期間は4〜5年と長く、その間は次の子供を作らないからだ。毎年のように子供を産むのは無理なのだ。チンパンジーの場合、子育てをするのは母親だけである。子供が乳離れをするまで世話をするには、子供1人が限界なのだろう。母親が死んだときに祖母など血縁関係のある個体が子育てをすることも報告されているが、そういう例は非常に少ないようだ。

そのため、チンパンジーの出産間隔は約5〜7年である。だいたい12〜15歳ごろから子供を作り始め、寿命は50年ぐらいだが、死ぬ間際まで子供を作ることができる。その結果、生涯で6匹ぐらい産むらしい。

他の大型類人猿も授乳期間中は子供を作らないので、出産間隔は長い。ゴリラは10歳ぐらいから子供を産み始めて出産間隔は4年、オランウータンは15歳ごろから子供を産み始めて出産間隔は7〜9年と言われている。

一方、ヒトの授乳期間は2〜3年である。しかも、授乳期間が短いだけでなく、授乳している間にも次の子を産むことができる。ヒトは類人猿とは違って、出産してから数ヶ月もすれば、また妊娠できる状態になるのだ。だから年子も珍しくない。ヒトは、16歳ごろから40歳ごろまでの期間に、子供を集中して産むことができる。フランスの王妃であったマリー・アントワネットの母親マリア・テレジアは、子供を16人も産んだことで有名だが、日本でも少し前までは兄弟姉妹がたくさんいることは珍しくなかった。ちなみに私の明治生まれの祖母には、兄弟姉妹が11人いた。

しかし、こんなに子供がたくさんいたら、母親1人で世話をするのは不可能である。しかも大型類人猿は、授乳期間が終わったら比較的早く独り立ちするが、ヒトの場合は違う。

授乳期間が終わってからも、独り立ちするまでに長い時間がかかる。その間も世話をしなくてはならない。とても母親だけで、面倒を見られるわけがない。

そこでヒトは共同で子育てをする。父親はもちろん、祖父母やその他の親族が子育てに協力することもよくあるし、血縁関係にない個体が子育てに協力することも珍しくない。保育園のような活動は新しいものではなく、人類が大昔からやってきた当たり前のことなのだ。

これに関連して「おばあさん仮説」というものがある。多くの霊長類のメスは、死ぬまで閉経しないで子供を産み続ける。しかしヒトだけは、閉経して子供が産めなくなってからも、長く生き続ける。これは、ヒトが共同で子育てをしてきたために、進化した形質だというのである。母親だけでは子供の世話ができないので、祖母が子育てを手伝うことにより、子供の生存率が高くなった。その結果、女性が閉経後も長く生きること（おばあさんという時期が存在すること）が進化したというわけだ。

確かに、おばあさん仮説はもっともな話で、スジは通っている。でも、すでに述べたように仮説というものは、スジが通っているだけではダメなのだ。スジが通っていることと、事実であることは、別のことだからだ。おばあさん仮説を検証することはなかなか難しいようで、今のところ確証はされていない。まあ、そうかもしれないし、そうでないかもしれない。とりあえず、おばあさん仮説はわきに寄せておいて、先へ進むこととしよう。

レイ・ブラッドベリのびっくり箱

大型類人猿など多くの霊長類の子育ては、「子供を1人産んだら、その子が独り立ちするまで、母親が1人できちんと面倒を見る」というものだった。一方、ヒトの子育ては、「子供をたくさん産んで、その子の面倒は母親1人では見きれないので、周りの人に手伝ってもらう」というものだった。

以前、アメリカのSF作家であるレイ・ブラッドベリの「びっくり箱」という話を読んだことがある。母親が一人息子を家に閉じ込めたまま外部との接触を断って、2人きりで生きていく話だ。男の子とその母親は、家の1階に住んでいる。朝食が終わると男の子は階段を上って、4階にある学校に行く。母親はエレベーターで先回りして、先生に変装して息子を出迎える。息子は先生が、実は母親であることを知らない。学校が終わると男の子は1階に戻る。もちろんそこには、エレベーターで先に下りてきた母親がいる。息子は毎日1階と4階を往復して、この家が世界のすべてだと信じて、育っていく。ところが男の子が13歳になったとき、ある事件が起きる。その先は省略するが、だいたいそんな話だ。

この話は、幻想的で不気味だ。でも、どうして不気味に感じるかというと、それは私たちがヒトだからだ。もしもオランウータンが「びっくり箱」を読んでも、まったく不気味に感じないはずだ。

オランウータンは、子供が5～6歳になって自立するまで、母と子の2頭だけで生活する。たとえすぐ近くに他のオランウータンがいても、お互いに接触するのは避けるらしい。外の世界とつながることのない、母子だけの濃密な世界が何年も続く。

だからオランウータンは、「びっくり箱」のような世界で育つのだ。でもそういう世界は、ヒトにとっては異常な世界である。ヒトの子供は、外の世界のいろいろな人とつながりながら育っていくのが、つまり共同で子育てをされるのが、当たり前なのである。

つまりヒトは、他の個体に子育てを手伝ってもらうことによって、他の類人猿より子供をたくさん作れるのだ。でも、この多産性はいつごろ進化したのだろうか。もしアウストラロピテクスの時点で多産性が進化していれば、草原に出て肉食獣に食べられる個体が増えた分を、埋め合わせてくれるかもしれない。

華奢型猿人と頑丈型猿人

森林に比べると、草原は食物も少ないし、肉食動物に襲われる危険は高い。あまりよいことはなさそうだ。おそらく乾燥化が進んだことにより森林が減少して、類人猿の中で木登りが下手な個体（というか森林での生活が下手な個体）が草原へ追い出された。しかし、アウストラロピテクスはしっかりとした足取りで草原を歩き、草原の食物を食べて、結果的にはますます繁栄していった。そして、アウストラロピテクスからは、大きく2つの系統が進化した。頑丈型猿人とホモ属である。

頑丈型猿人はアウストラロピテクス属に含まれる（以下に述べる頑丈型猿人3種を、アウストラロピテクス属ではなく、パラントロプス属とする研究者もいる）。頑丈型猿人と区別するため、これまでのアウストラロピテクス・アナメンシスやアウストラロピテクス・アファレンシスやアウストラロピテクス・アフリカヌスのことを華奢（きゃしゃ）型猿人と呼ぶこともある。頑丈型猿人は、華奢型猿人のいずれかの系統（アウストラロピテクス・アファレンシスの可能性が高い）から分岐して進化したと考えられている。頑丈型猿人の最古の化石は、エチオピアの約270万年前の地層から発見されたアウストラロピテクス・エチオピクスである（化石の産出は約270万年前〜約230万年前）。このアウストラロピテクス・エチオピクスから東アフリカではアウストラロピテクス・ボイセイという頑丈型猿人が、そして南アフリカではアウストラロピテクス・ロブストゥスという頑丈型猿人が進化した可能性が高い。

華奢型猿人に比べて、頑丈型猿人は歯や顎が発達している。頑丈型猿人は、切歯や犬歯は小さいのだが、臼歯が非常に発達していた。幅が広く平坦なので、食物を効果的にすり潰すことができた。また、頬骨が横にかなり張り出していて、咬筋（こうきん）（下顎を上げる筋）がしっかりと付着できるようになっていた。したがって、嚙む力は相当強かっただろう。さらに、これも嚙む力に関係するのだが、顔の横についている大きな側頭筋が頭頂部まで伸びていた。この側頭筋が付着するスペースとして、頭蓋骨の上の部分が、前後に伸びる壁のように突き出しているのが化石でもはっきりとわかる。これは矢状稜（しじょうりょう）といって、嚙む力の強い現生のゴリラにもある。

横へ張り出している頬骨がかなり前方にあるので、顔の真ん中がへこんでいるように見える。そのため、皿状の顔と言われることもある。頭頂部はウルトラマンのように突き出ているし、他の霊長類と比べてもかなり独特な顔をしていたようだ。ちなみに、頑丈型という言葉のイメージから、頑丈型猿人はゴリラのように大きいと誤解されることがあるが

（実は体の化石が見つかっていないので、はっきりしたことは言えないのだが）、身長は１２０センチメートルぐらいで、体重も30〜40キログラムぐらいと推定されている。体は華奢型猿人とそれほど違わないのだ。

頑丈型猿人は不味いものも食べた

これだけ歯の形が違うのだから、頑丈型猿人と華奢型猿人は、まったく違うものを食べていたと考えるのが普通だろう。だが事実は、そう簡単ではなさそうだ。

南アフリカに住んでいたアウストラロピテクス・ロブストゥスとアウストラロピテクス・アフリカヌスの歯の表面を顕微鏡で調べたところ、その摩耗の仕方から、両者は同じようなものを食べていたと考えられた。さらにこの結果は、安定炭素同位体比を使った研究でも支持された。両者とも雑食性で、主に草原で同じような食物を食べていたらしい。

この結果で思い出すのは、ダーウィンフィンチというガラパゴス諸島に住んでいる鳥の研究だ。ガラパゴス諸島には10種以上のフィンチが住んでいるが、その中にはクチバシの大きい種も小さい種もいる。クチバシの大きい種は、大きくて硬い種子を割って食べることができる。クチバシの小さい種は、小さくて柔らかい種子しか食べることができない。

したがって、クチバシの大きい種は大きくて硬い種子を、クチバシの小さい種は小さくて柔らかい種子を食べているのだろうと思われていた。ところが実際は、そうではなかったのだ。

イギリスの生物学者であるピーター・グラント（1936〜）とローズマリー・グラント（1936〜）の注意深く粘り強い研究によって、フィンチが何を食べているかが明らかになった。クチバシの大きいフィンチも小さいフィンチも、小さくて柔らかい種子を食べていたのだ。それでは、どうして形の違うクチバシが進化したのだろうか。

それは、島が干ばつに襲われたときのことだった。多くの植物が枯れて、小さくて柔らかい種子が減ると、大きなクチバシのフィンチは、大きくて硬い種子を食べ始めたのだ。クチバシの小さいフィンチは、それでも小さくて柔らかい種子を何とか探して食べていた。

干ばつのときは食物が減るので、普段より苦労するのは仕方がない。だから、大きなクチバシのフィンチは、割るのに手間がかかるけれど、大きな硬い種子を食べた。一方、クチバシの小さなフィンチは、探すのに手間がかかるけれど、小さくて柔らかい種子を食べ続けた。

しかし普段は、そんな苦労をする必要はない。だって、小さくて柔らかい種子が、そこら中にたくさんあるのだから。それならクチバシが大きくても小さくても、探すのにも割るのにも手間がかからない、小さくて柔らかい種子を食べるのが当然だろう。

頑丈型猿人の場合も、同じような状況ではないだろうか。普段は頑丈型猿人も、華奢型猿人と同じものを食べていたのだろう。しかし、冬とか乾季のように食料が足りなくなる時期には、砂まじりの根や塊茎（かいけい）などを仕方なく食べたのではないだろうか。そのため、華奢型猿人が生きていけないところでも、頑丈型猿人は生きていけたのかもしれない。実際、新しいタイプの人類であるホモ属が現れて、華奢型猿人が絶滅した後も、頑丈型猿人は生き延びたのだ。

単純に言えば、華奢型猿人は美味しいものしか食べられなかった。頑丈型猿人は、美味しいものも不味いものも食べられた。でも、美味しいものと不味いものが両方とも目の前にあれば、頑丈型猿人だって美味しいものを食べたに違いない。

ただし同じ頑丈型猿人属でも、種によって食べるものは多少違っていたようだ。今述べたように、南アフリカでのアウストラロピテクス・ロブストゥスは、普段は華奢型猿人と同じようなものを食べていたようだが、東アフリカのアウストラロピテクス・ボイセイは、そうでもないらしい。安定炭素同位体分析の結果によると、アウストラロピテクス・ボイセイは、雑食性というよりは植物食に偏っていて、硬いスゲなどの草をふだんから食べていたようである。

アウストラロピテクスが絶滅させた？

それでは時間を巻き戻して、アルディピテクスの絶滅について考えてみよう。アルディピテクスの化石が産出するのは約４４０万年前までで、アウストラロピテクスの化石が産出するのは約４２０万年前以降である。つまり約４４０万年前〜約４２０万年前のあいだに、アルディピテクスは絶滅し、アウストラロピテクスが出現したわけだ。

アウストラロピテクスは疎林から草原へと活動域を広げ、いくつかの種へと多様化していった。その過程で生息域が重なるアルディピテクスを絶滅させた可能性はある。可能性はあるけれど、少し視点を変えてみよう。

現在、北米大陸の北部にはホッキョクグマが、中部にはヒグマがいる。気候の温暖化によって、仮に（可哀そうだけれど）ホッキョクグマが絶滅したとしよう。そして以前より暖かくなった北部にまで、ヒグマは生息地を広げたとする。

北米大陸の北部に住むクマは、ホッキョクグマからヒグマに交替した。だがこの場合、ホッキョクグマはヒグマとの競争に負けて、絶滅したわけではない。ホッキョクグマが絶滅した原因は、気候の温暖化だ。エサのアザラシが減ったのだ。流氷が少なくなったせいで、ホッキョクグマは以前より長い距離を泳がなくてはならず、シャチに食べられる危険性が増えたのだ。

ヒグマの方がホッキョクグマよりも頭部が大きいので、噛む力は強いかもしれない。しかし、ヒグマの方がホッキョクグマよりも強かったとしても、この場合の絶滅とは関係ないのだ。絶滅の原因を特定するのは、なかなか難しいのである。

つい私たちは、進化において「優れたものが勝ち残る」と思ってしまう。でも、実際はそうではなくて、進化では「子供を多く残した方が生き残る」のである。「優れたものが勝ち残る」ケースはただ1つだけだ。「優れていた」せいで「子供を多く残せた」ケースだけなのだ。

アルディピテクスに限らずサヘラントロプスやオロリンなどの初期人類は、疎林を中心に生活していたと考えられる。アフリカで乾燥化が進んだとすれば、疎林だったところも草原になり、アルディピテクスの生活できる場所が減少した可能性がある。もしも疎林が草原になれば、アルディピテクスはアウストラロピテクスに取って代わられただろう。でもそれは、アルディピテクスがアウストラロピテクスに競争で負けたからではない。ただ気候が変化したせいで、絶滅したにすぎないのだ。

アルディピテクスは複雑な生態系の中で生きていた。気候や土地などで決まるさまざまな条件と関わりながら、エサとなる植物や襲ってくる肉食獣などのいろいろな生物とも関わりながら、生きていた。もしもアウストラロピテクスなどの他の人類と関わりがあったとしても、それはアルディピテクスの生活の中のほんの一部にすぎなかった。たいして重要ではなかったかもしれないのである。

実際のところ、アルディピテクスがなぜ絶滅したのかは、データが少なすぎてわからない。ただ1つだけ確かなことは、アルディピテクスよりもアウストラロピテクスの方が、子供をたくさん残せたということだ。

もしもアウストラロピテクスのメスが産む子供の数が、ほんのわずかでもアルディピテクスよりも多かったら、それだけでアルディピテクスは絶滅への道を歩み始めるだろう。ほんのわずかな差でも、世代が重なるごとにその効果はどんどん大きくなっていくからだ。産むことのできる子供の数だけは違うが、その他の能力はすべて同じ2種がいたとすれば、必ず子供を多く産む種が残り、子供が少ない種は絶滅するのである。もしもヒトの多産性がアウストラロピテクスの段階で進化したとすれば、アルディピテクスはアウストラロピテクスに太刀打ちできなかったはずだ。

ところで、アルディピテクスとアウストラロピテクスの交替に関して気になることがある。それは、エチオピアの約340万年前の地層から、アルディピテクスに似た足の骨が発見されたことだ。もし、これが本当にアルディピテクスなら、100万年近くのあいだ、両者は並存していたことになる。

ただし、アルディピテクスとアウストラロピテクスの系統関係は、交配していたかということも含めて、まったくわかっていない。交配していた確実な証拠を得るには、DNAを解析することが必要である。しかしDNAが解析できるのは（保存状態に大きく左右されるが）、せいぜい数十万年前の化石が限界だ。アルディピテクスやアウストラロピテクスは古すぎるのである。アウストラロピテクスが初期人類のいずれかの種から進化したことは間違いないが、その祖先がアルディピテクスとは限らない。まだ発見されていない初期人類かもしれない。

いずれにしても、アルディピテクスとアウストラロピテクスの生息域は重なっているが、生存戦略は異なっていた。たとえば食べるものは違っていた。アルディピテクスは主に森林のものを食べ、アウストラロピテクスは主に草原のものを食べていたことは、すでに述べた通りである。生存戦略が異なるのであれば、両者が並存することも不可能ではないだろうが、これについては今後の研究の展開を待つことにしよう。

第7章　人類に起きた奇跡とは

オルドワンとアシューリアン

アウストラロピテクス属から新たに2つの系統が進化したと先に述べた。1つは頑丈型猿人であり、もう1つが私たちにつながるホモ属であった。頑丈型猿人では、顎や臼歯が大きくなったが、ホモ属では逆にこれらが小さくなった。両者は、アフリカの乾燥化という同じ環境変化に対して、まったく反対の解決策を選んだのだ。

さらに、ホモ属は石器を使い始め、肉を頻繁に食べるようになった。石器は大きく2種類に分けられる。石を打ち砕いて作った打製石器と、打製石器を磨いて仕上げた磨製石器である。打製石器を作る文化も、いくつかの種類に分けられる。たとえば、簡単な打ち欠けだけで石器を作る文化をオルドワンと言い、石器の表と裏の両面に加工をしたハンドアックスなどを作るようになった文化をアシューリアンと言う（それぞれの文化の石器をオルドワン石器、アシュール石器と言う）。ハンドアックスはたいてい涙のしずくのような形（涙滴型）をしていて、手で握って使う石器だ。切る、削る、掘るなど、何にでも使われた可能性がある。

ケニアのトゥルカナ湖岸で見つかった約330万年前の石器を別にすれば、人類が作った最初の石器はオルドワン石器で、その最古のものは、エチオピアで見つかった約260万年前のものだ。その後、約260万年前〜約250万年前のあいだに東アフリカの各地で、オルドワン石器が作られるようになった。約330万年前の石器は当時の人類の間にあまり広がらなかったようだが、約260万年前の

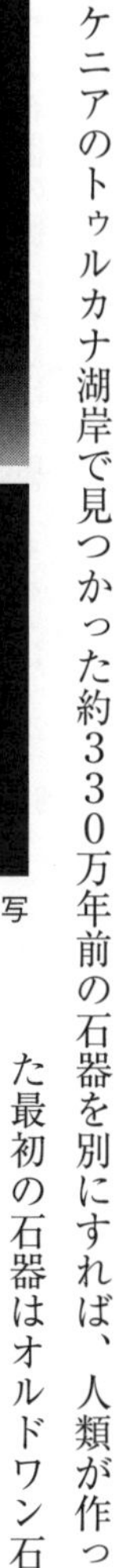

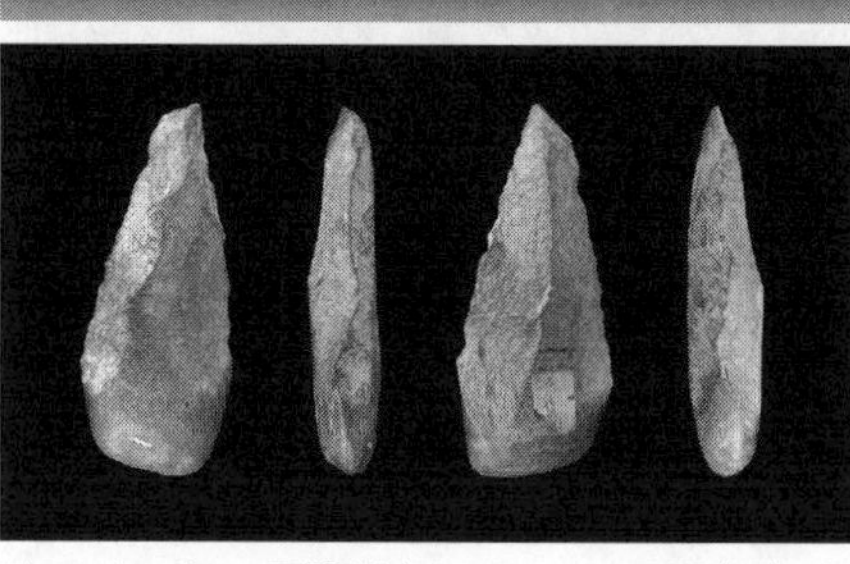

図7　オルドワン石器（上）とアシュール石器（下）　写真：Didier Descouens

石器を作る知識は、すぐに他の個体や他の集団に伝わったようである。ホモ属には新しい知識を受け入れる能力があったということだろう。

しかし、石器を作れたからといって、狩りができるわけではない。石器を手に握っても、走って逃げるシカを捕まえることはできないのだ。では、何に使ったのかというと、おそらく死んだ動物を食べるために使ったのだ。草原や疎林には、草食動物の死骸(しがい)や肉食動物の食べ残しがあった。その骨を割って、中の骨髄を食べるには石器が必要だ。また、骨から残っている肉をそぎ取るのにも便利だっただろう。

最古のホモ属の化石は、アフリカ南東部のマラウィで見つかった下顎で、約250万年前のものである。また、エチオピアで見つかった約230万年前のホモ属の上顎は、これも種は特定されていないが、多くのオルドワン石器と一緒に産出した。したがって、オルドワン石器の製作者がホモ属(あるいは、次で述べるように、その近縁種かもしれないアウストラロピテクス・ガルヒ)であることは、ほぼ確かだと考えられる。

石器を最初に作った人類

エチオピアで約250万年前のウシやウマの骨がいくつも見つかり、それらには鋭い刃の石器による傷がついていた。ここに住んでいた人類が石器を使って、大型動物の死骸を解体していたことは明らかだ。そして、その近くの同じ地層から人類の化石が発見され、アウストラロピテクス・ガルヒと命名された。頭骨と四肢骨が別の場所から発見されたので、別種のものである可能性もなくはない。しかし近くの同じ地層から産出しているので、一応、頭骨も四肢骨もアウストラロピテクス・ガルヒのものと解釈されている。このアウストラロピテクス・ガルヒ（化石の産出は約270万年前〜約250万年前）が、これらの石器を使った人類かもしれない。

アウストラロピテクス・ガルヒの脳容量は約450ccと小さく、上顎もかなり前に突き出しているので、アウストラロピテクス属に入れられたのも頷ける。しかし、脚はホモ属のように長く、身長は140センチメートルぐらいある。犬歯もホモ属並みに小さい。アウストラロピテクス属に分類されてはいるが、ホモ属につながる系統だった可能性がある。

実は石器を作るのはなかなか難しい。木の枝や石を道具として使うチンパンジーにも、石器は作れない。コンピューターを使ってヒトとコミュニケーションは取れるのに、いくら教えても石器は作れないのだ。だが、東アフリカにいた初期のホモ属の間には、石器の製作がすぐに広まった。初期のホモ属には、石器製作に必要な認知能力や手先の器用さが、すでに備わっていたようだ。アウストラロピテクスの段階で、高度に協力的な社会関係を作っていたことが、認知能力の発達を促したのかもしれない。

しかし、同じ東アフリカに住んでいて、同じアウストラロピテクス属の中から進化したと考えられるアウストラロピテクス・ボイセイは、石器を作らなかった。先端を尖らせた骨器は根や塊茎などを掘る道具として使っていたようだが、石器は作れなかったらしい。いや、肉をほとんど食べなかったので、作れたけれども作らなかったのかもしれないが。アウストラロピテクス・ボイセイは約230万年前〜約130万年前に生きていたが、脳容量はだいたい500ccなので、アウストラロピテクス・ガルヒよりは少し大きい。とすると、単純に脳の大きい種が石器を作ったわけではないようだ。

混乱する初期ホモ属の分類

オルドワン石器を最初に使い始めた人類の1種は、およそ250万年前ごろのアウストラロピテクス・ガルヒであった。しかし、アウストラロピテクス・ガルヒを最後に、華奢型猿人はいなくなる。その後の人類は、頑丈型猿人と（すぐあとで述べるケニアントロプス・ルドルフェンシスをホモ属に含めれば）ホモ属だけだ。頑丈型猿人は石器を使わなかったが、ホモ属は石器を使った。そして、ホモ属の脳は大きくなっていった。

犬歯については、アルディピテクス属、アウストラロピテクス属、ホモ属と時代が下るにつれて小さくなり、ホモ属では他の歯よりも小さいくらいになってしまった。

初期のホモ属の脳容量を見てみると、たとえばケニアで発見された約190万年前のホモ・ハビリスは509ccだった。これは（あとで述べる小型人類ホモ・フロレシエンシスを除けば）、ホモ属の化石の中で一番小さい脳である。同じホモ・ハビリスでも、タンザニアで発見された約180万年前の化石は、脳容量が680ccだった。ちなみに、ホモ・ハビリスは約240万年前～約130万年前に生きていた人類である。

また別の初期ホモ属とされるホモ・ルドルフェンシスは約250万年前～約180万年前に生きていたが、その化石のいくつかはホモ・ハビリスから種名を変更されたものである。脳容量は平均で790ccとされる。

しかし、これらの初期のホモ属の分類には、いくつかの異論がある。ホモ・ハビリスとホモ・ルドルフェンシスは、すべてホモ・ハビリスという1種にまとめるべきだという意見もある。ホモ・ハビリスは身長が100センチメートル余りと低く、腕も長いのでアウストラロピテクス・ハビリスにすべきだとの意見もある。ホモ・ルドルフェンシスの顔は平たくて、ホモ属ともアウストラロピテクス属とも違うので、ケニアントロプス・ルドルフェンシスにすべきだとの意見もある。しかし顔が平たいのは、化石になったあとで歪んだからだという意見もある。

このように初期ホモ属の分類は混乱しているものの、これらの化石から大きな進化傾向を読み取ることはできる。それは、脳が大きくなってから石器を使い始めたのではなく、石器を使い始めてから脳が大きくなった、ということだ。

そして約190万年前になると、アフリカでホモ・エレクトゥスが現れた。初期のホモ属より顎や臼歯が小さくなっており、脳容量は約850ccで、初期のホモ属より明らかに大きくなっていた（ホモ・エレクトゥスの脳容量は変異が大きいが、全体の平均は1000ccぐらいだ）。約180万年前になると、ホモ・エレクトゥスの一部はアフリカからユーラシアへと進出し、約10万年前まで生きていたと考えられている。人類の中でも非常に繁栄した種と言えよう。ただし、生存期間も長く分布も広いので、個体間の変異も大きく、複数の種に分けた方がよいという意見もある。特にアフリカのホモ・エレクトゥスは、ホモ・エルガステルとして別種とすることもあるが、本書ではホモ・エレクトゥスで統一することにする。

なぜライオンは人類より脳が大きくないのか

約700万年前に人類は直立二足歩行を始めた。そして約250万年前になるとホモ属が現れて、脳が大きくなり始めた。サヘラントロプスやアルディピテクスの脳（約350〜400cc）に比べれば、アウストラロピテクスの脳（約400〜500cc）は、少しは大きくなったかもしれないが、大した違いではない。しかしホモ属になると、明らかに脳が大きくなり始めた。逆に考えれば、人類が誕生したのが約700万年前なので、約450万年間も脳はほとんど大きくならなかったことになる。

「ヒトは直立二足歩行を始めたので、手が自由になった。そして手で石器などを作ったので、脳が大きくなった」という話もあるが、それは正しくないわけだ。人類は直立二足歩行を始めてから約450万年間ものあいだ、石器も作らなかったし、脳も大きくならなかったのだから。でも、それはどうしてだろうか。

脳はエネルギーをたくさん使う器官である。ヒトの場合、脳は体重の約2パーセントを占めるだけだが、体全体で使うエネルギーの約20〜25パーセントを使ってしまう。いわば脳は、燃費の悪い器官なのである。これだけ燃費の悪い器官を維持していくためには、どんどんカロリーの高い食物を食べなくてはならない。カロリーの高い食物といえば、肉である。したがって、しょっちゅう肉を食べるようになったから、脳が大きくなることができたのだろう。そして、人類が肉を食べるためには石器が必要である。石器を作るようになったので、頻繁に肉を食べられるようになり、さらに脳を大きくすることができたのだ。

脳はエネルギーをたくさん使うので、肉食をして多くのカロリーをとることが必要だ。すると、こんな疑問が湧いてくる。なぜ、ライオンの脳は人類より大きくないのだろうか。初期のホモ属が食べた肉の量など、ライオンに比べたら少ないはずだ。まあ、ライオンだって獲物を捕まえるのには苦労しているようだが、ライオンには牙もあるし、(人類よりは)速く走ることもできる。初期のホモ属に比べたら、多くの肉を食べることができるはずだ。それなら、ヒトよりも脳が大きくなりそうなものである。

でも、脳が大きくなるのって、そんなにいいことなのだろうか。本当によいことなら、ヒトのように脳が大きくなった肉食動物が、たくさんいるはずだ。それなのに、どうしてヒトのように脳が大きい肉食動物が、全然いないのだろうか。それはきっと、脳が大きくなることにも欠点があるからだ。

スマホには、いろいろな有料アプリがある。それらのアプリをダウンロードして有効に使うなら、毎月使用料を払っても元が取れるだろう。仮に、アプリを利用してお金を稼ぐ場合は、アプリの使用料より収入の方が多ければ、儲かることになる。でも、有料アプリをどんどんダウンロードしても、まったく使わなければどうだろう。毎月使用料を払うばかりで損をしてしまう。

大きな脳というものは、たくさんダウンロードしてしまった有料アプリのようなものだ。大きな脳があるだけで、どんどんエネルギーが消費されてしまう。つまり、どんどんお腹が空くのだ。脳の大きさがいろいろなライオンの群れがいたとしよう。もしも不幸にして、エサが全然捕まえられなかった場合は、脳が大きいライオンから死んでいくのだ。そして生き残るのは、脳が小さいライオンだ。だから、むやみに脳を大きくしない方がよいのだ。使わない有料アプリは、ダウンロードしない方がよいのである。

でも、ちゃんとアプリを使うのならダウンロードしてもいいだろう。毎月使用料を払っても、それを上回る収入が毎月入るのなら、儲かるからだ。初期のホモ属の場合、石器を作るのに必要なぐらいは脳が大きくなっても元が取れたのだろう。それから、また少し脳が大きくなって、石器が改良され、肉が少し多く食べられるようになった。それから、また少し脳が大きくなって、仲間と協力して動物の死骸を探すようになり、肉が少し多く食べられるようになった。ホモ属は少しずつアプリをダウンロードして、そのつどアプリを使いこなしてきたのだろう。人類は肉を食べて脳が大きくなり、脳が大きくなるとさらに肉を食べられたのだ。

でも、ライオンはそうではなかった。ライオンの場合は、牙を鋭くしたり走るのを速くしたりすることは、食べる肉を増やすのに役に立った。でも、脳が少しぐらい大きくなっても、食べる肉の量には関係なかった。むしろ大きな脳は、エネルギーを無駄遣いするだけだった。アプリをダウンロードしても、使い道がなかったわけだ。毎月使用料を払っているだけでは丸損だ。ライオンは肉を食べるために牙を大きくし、人類は肉を食べるために脳を大きくしたのである。

直立二足歩行の隠れていた利点

ホモ・エレクトゥスは手足がスラリと長くて、身長が180センチメートル以上もある人類だと言われたこともある。しかし、そこまで背は高くなかったようだ。

1984年に、ケニアのトゥルカナ湖西岸で、素晴らしい化石が発見された。約160万年前のホモ・エレクトゥスの化石で、全身骨格の約66パーセントが残っていた。ヒトとネアンデルタール人を除いた化石人類の中では、ルーシーを上回る、一番完全な化石である。まだ少年だったので、トゥルカナ・ボーイと呼ばれている。

ヒトの子供は、類人猿やアウストラロピテクスに比べて、大人に成長するまでの時間が長い。男子なら11年ぐらい成長したあと、さらに思春期の急成長が始まる。そして5年ほどで、さらに25センチメートルぐらい身長が伸びる。

トルゥカナ・ボーイは当初9歳ぐらいの少年と考えられていたが、身長は約160センチメートルもあった。そこで、もしヒトと同じように成長を続ければ、おそらく185センチメートルぐらいにはなるだろうと推定されたのだ。

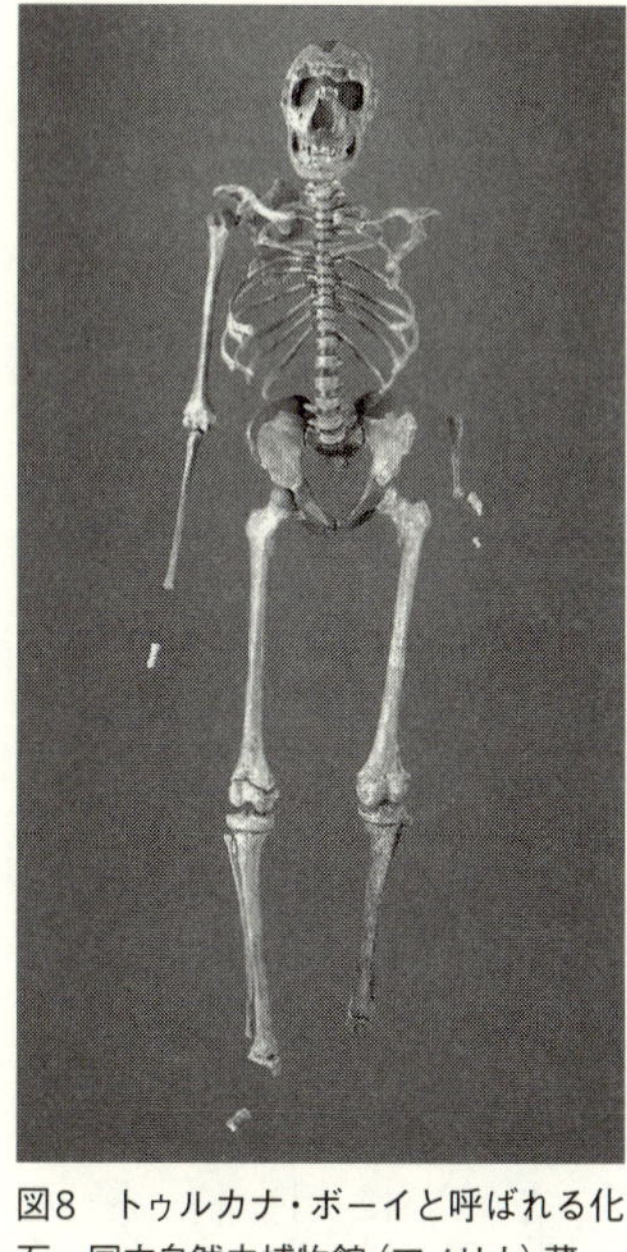
図8　トゥルカナ・ボーイと呼ばれる化石　国立自然史博物館（アメリカ）蔵

ところが、歯や骨を詳しく調べてみると、どうやらヒトのようには成長しなかったらしい。歯の生え方や骨の癒合（ゆごう）の程度は12歳のヒトぐらいなのに、歯の成長線から推定するとトゥルカナ・ボーイは8年しか生きていなかったことがわかった。つまりホモ・エレクトゥスは、類人猿やアウストラロピテクスと同じように成長が速かったのだ。となれば、トゥルカナ・ボーイは死んだときに、すでに成長を終えていた可能性もある。まあ、もう少し成長したとしても、せいぜい170センチメートルぐらいだろう。

化石で推定されたホモ・エレクトゥスの身長の中には、122センチメートルという低いものもあり、かなりの幅があるようだ。とはいえ、アフリカのホモ・エレクトゥスの平均身長は約170センチメートルだったという研究結果もあるので、アウストラロピテクスに比べれば、かなり身長が高くなったことは確かだと考えられる。

ホモ・エレクトゥスは、どうして身長が高くなったのだろうか。それは、おそらく長距離を歩くために、脚が長くなったからだろう。ルーシーとトゥルカナ・ボーイを比べてみると、ひときわ目を引くのは脚の長さの違いである。

熱帯雨林に住むチンパンジーなら、果実や葉を見つけるために、それほど長い距離を移動する必要はない。しかし草原や疎林で食物を探す人類は、もっと長い距離を歩かなくてはならない。食物が広い範囲に散在しているからだ。しかも、肉を食べるには、動物の死骸を探さなければならない。死骸はそうそうあるものではないので、ホモ・エレクトゥスはますます長い距離を歩かなくてはならなかった。ちなみに現代の狩猟採集民は、1日に15キロメートルぐらい歩くという報告がある。意外と少ないような気もするが、そうではない。私（更科）は、健康のためのウォーキングやジョギングをまったくしていないけれど、いろいろと野暮用があるので、結局1日に10キロメートルぐらいは歩いている。しかし、舗装された道路を歩くのと自然の険しい地面を歩くのとでは、大変さが全然違うのだ。

そして、このホモ・エレクトゥスの時代に奇跡が起きた。前述したように、直立二足歩行には、走るのが遅いという致命的な欠点がある。そのため、人類以前の地球上では進化しなかった。しかし、手で物を運べるという直立二足歩行の最初の利点が、一夫一婦に近い社会と結びついて、たまたま初期人類で進化した。それは、地球の歴史上初めてのことだった。

それから450万年の時が流れ、人類は石器を使い始め、肉を頻繁に食べるようになった。すると、隠れていた直立二足歩行の利点が現れ始めた。それは、短距離走は苦手だが、長距離走は得意なことだ。これに関しては、ヒトとチンパンジーを歩かせて、どのくらい酸素を使うかを測定した研究がある。好気呼吸によってエネルギーを生み出すときには、酸素を消費する。そこで、どのくらい酸素が使われるかで、エネルギーの消費量を見積ろうとしたのである。その結果、ヒトの直立二足歩行はチンパンジーの四足歩行の4分の1しかエネルギーを使わないことがわかったのだ。ただ、こういう研究は、使う個体によって大きく結果が違ってくるので、やや説得力に欠けるところもある。しかし直感的にも、ヒトの直立二足歩行の効率がよいことは、マラソンなどを見れば明らかだろう。チンパンジーやゴリラには、マラソンを完走することは無理なのだ。

直立二足歩行の効率のよさは、アウストラロピテクスでもいくらかは有利に働いたはずだ。森林よりも食料が少ない疎林や草原では、何かを食べるためには長い距離を歩かなくてはならないからだ。しかし、ホモ・エレクトゥスになると、直立二足歩行から受ける恩恵はずっと大きくなる。肉を求めて歩く距離が増えたこともあるが、それだけではない。おそらくホモ・エレクトゥスが、初めて走った人類だからだ。

ホモ・エレクトゥスが走り始めたことに関しては、間接的な証拠しかないのだけれど、それでもかなり確かだと考えられる。たとえば、ホモ・エレクトゥスの足の指は短い。足の指が長いと、歩くときはそれほどでもないが、走るときにはとても邪魔になる。また、歩くときにはあまり使わないが、走るときには重要なお尻の筋肉（大臀筋〈だいでんきん〉）も、ホモ・エレクトゥスでは大きくなっている。

さらに、ホモ・エレクトゥスは三半規管が大きい。三半規管は耳の奥の内耳にあり、平衡感覚や回転感覚をつかさどる。走るときに、とても重要な器官である。これは頭蓋骨の中の空洞に入っているので、化石でも確認できる。この三半規管が、アウストラロピテクスでは小さく、ホモ・エレクトゥスやヒトでは大きいのである。おそらくホモ・エレクトゥスは、私たちのように頭を一定の高さに保ったまま、走ることができたのだろう。一方、三半規管の発達していないアウストラロピテクスは、走ると頭が揺れてしまうし、足の指も長くて邪魔になるので、長距離を走ることはできなかったと思われる。

もし走ることができれば、手に入る肉の量が増えたことは間違いない。たとえば遠くの空で、ハゲワシが旋回している。その下には死んだ（あるいは死にそうな）動物がいるに違いない。ホモ・エレクトゥスは、そこが遠くても走っていくことができるのだ。そうすれば、ときにはハイエナよりも早く着くことがあるだろう。そして肉を手に入れた後も、直立二足歩行の利点が役に立つ。肉を手で持って、走って帰れるのだ。そしてメスや子供に分配するのである。

ウエストが細くて暇な人類の誕生

肉食によって脳が大きくなる理由は、2つある。1つは、すでに述べたように、カロリーの高い肉を食べれば、脳が働くためのエネルギーになるからだ。脳がエンジンなら、肉はガソリンなのだ。だが、もう1つ理由がある。それは、肉が消化されやすいからだ。

食物を消化するのはけっこう大変で、胃や腸を何時間も動かし続けなければならない。それには、多くのエネルギーが必要だ。特に植物の栄養価は低いので、たくさん食べなければならず、消化にも時間がかかる。チンパンジーやゴリラの活動時間は、半分以上が食べたり消化したりしている時間だ。しかし、肉なら消化しやすいので時間がかからないし、腸も短くてすむ。しかも石器で食物を叩いたり切ったりすれば、ますます消化しやすくなるので、ますます腸が短くてすむ。その分のエネルギーを脳に回すことができるので、さらに脳が大きくなった可能性があるのだ。

アウストラロピテクスのウエストは太くてずん胴だった。そこには巨大な消化器が入っていた。一方、ホモ・エレクトゥスのウエストは細くて締まっていた。それは、腸が短くなったからである。これなら、腸に使っていたエネルギーを脳に回すことができるので、脳を大きくすることができる。また、腸が小さくてウエストが細くなれば、走るのにも有利だろう。

食事や消化に時間が取られなければ、暇な時間ができる。だからライオンには、暇な時間がたくさんある。狩りや食事の時間以外はゴロゴロしているのはそういうわけだ。この暇な時間も、人類が（広い意味での）知的活動を行うためには重要だったと考えられる。石器を作るにはそれなりに時間がかかっただろうし、石器に適した石を集めるのにも手間がかかったはずだ。石器の作り方を真似るためには、仲間とコミュニケーションをとる時間も必要だっただろう。英語のスクール（学校）の語源はラテン語のスコレー（暇）らしいが、知的活動を暇なときにするようになったのは、ギリシア・ローマ時代よりもずっと前の、ホモ・エレクトゥスの時代だったようだ。

人類から体毛がなくなった理由

ホモ・エレクトゥスが走ったとすれば、私たちの体に毛がほとんどないことも説明できるかもしれない。暑い日中にアフリカの草原を走ると体温が上がる。上がった体温を下げるために汗をかいて、その汗を蒸発させることによって体温を下げる。しかし体毛があると、その下に汗を出しても蒸発しないので、体温を下げられない。そのため、人類の体からは、毛がなくなった可能性があるのだ。もしそれが正しければ、人類はホモ・エレクトゥスが現れた約１９０万年前頃に、体毛を失ったことになる。ちなみに、ヒトとチンパンジーの毛の本数はあまり変わらない。ヒトの体毛がほとんどないように見えるのは、毛の一本一本が細くて短いからだ。

一方、多くの哺乳類は体毛が多いので、汗で体温調節をしない。たとえば、イヌは舌を出して、そこから水分を蒸発させて体温を下げるのである。これでは少ししか熱を逃がすことができない。つまり毛が生えている哺乳類は、熱を逃がすのが苦手なので、あまり長距離を走ることができないのだ。アフリカの暑い草原でホモ・エレクトゥスに追跡されれば、多くの哺乳類は逃げ切ることができないだろう。

一応、この仮説はスジが通っている。でも、何度も言うようにスジが通っているだけでは不十分だし、実は反例もある。草原に住むパタスモンキーは、体毛がある（見た目は毛むくじゃらだ）のに、汗で体温調節をしている。さらにパタスモンキーの体毛は、強烈な日差しから体を守る働きがあるという。でも、もしそうなら、体毛があってもなくても涼しくなるはずで、なんだか詐欺師に騙（だま）されているみたいだ。とはいえ、ホモ・エレクトゥスはパタスモンキーよりも長距離を歩いたり走ったりしただろうから、体温を下げることは深刻な課題だったはずだ。そして汗をかくことは、体温を下げるためにもっとも有効な方法だ。したがって、人類においては、汗をかくために体毛がなくなった可能性は高そうだ。ただ、残念なことに強い証拠がないので、はっきりしたことは言えないけれど。

体毛がなくなった時期については、約120万年前という説もある。遺伝的な研究から、肌の色が黒くなったのが約120万年前だと推定されたからだ。体毛がなくなると、紫外線を含んだ日差しが肌に直接当たる。紫外線から肌を守るためにメラニン色素が増えて、肌が黒くなる。したがって、肌が黒くなった時期は、体毛がなくなった時期に一致するというわけだ。ただし、この推定はかなり大ざっぱなものなので、数字はあまり気にしなくてよいかもしれない。体毛がなくなったのはホモ・エレクトゥスの時代である、ぐらいに考えておけばよいだろう。

なぜ頑丈型猿人は絶滅したのか

つい半世紀ほど前までは、人類はいつの時代でも1種しかいないという、単一種説が有力だった。同時に2種の人類が存在したことはなく、1種のまま進化して現在の私たちになった、という説である。この説を反証したのが、1968年から1975年にかけて、ケニアのクービ・フォラで発見された化石群だった。この化石群の解析によると、約180万年前～約170万年前のクービ・フォラでは、アウストラロピテクス・ボイセイとホモ・エレクトゥスが共存していたのだ。この2種が別種であることは、形態的に明らかだった。

その後、研究が進むにつれて、昔の地球には複数の人類がしばしば同時に生きていたことが明らかになった。現在の地球上には、ヒトという1種の人類しかいないが、むしろこの方が異常な事態なのだ。

たとえば10万年前には、私たちホモ・サピエンスの他に、ネアンデルタール人やデニソワ人やホモ・フロレシエンシスがいた。もしかしたらホモ・エレクトゥスもいたかもしれない。でも、彼らもいなくなってしまった。約4万年前にネアンデルタール人が絶滅すると、私たちは独りぼっちになってしまったのだ。

もしも他の人類が生きていたら、世界はどんな感じだったろう。それは一人っ子が、兄弟姉妹がいたらどんな感じだったろう、と考えるようなもので、なかなか想像することは難しい。ネアンデルタール人が生きていたら、当然彼らにも人権を認めるべきだろう。ひょっとしたら、私たちとネアンデルタール人は、学校で机を並べることになるかもしれない。たぶん算数や国語は私たちの方がよくできるだろう。でも、ネアンデルタール人の脳は私たちよりかなり大きかったのだから、なにか私たちが考えていないことを考えていたのではないだろうか。何かの折に、ネアンデルタール人はとんでもない能力を発揮したのではないだろうか。私たちには及びもつかない素晴らしい知性を。でも、それを知る機会は永遠に失われてしまった。一度でいいから、ネアンデルタール人と話してみたかった。そう考えて、心から残念に思うのは、私だけではないだろう。

話を戻すと、ホモ・エレクトゥスと共存していたアウストラロピテクス・ボイセイは、その後先細りになり、約120万年前には絶滅してしまった。アウストラロピテクス・ボイセイが、頻繁に肉食をしていたホモ・エレクトゥスに狩られた可能性もないとは言えない（証拠はないけれど）。しかし、それよりは、食料をめぐる競争に敗れた可能性の方が高いだろう。そして、とうとう人類には、ホモ属しかいなくなってしまった。アウストラロピテクス属は消えてしまったのだ。

それと、忘れてはいけないことがある。アウストラロピテクス・ボイセイが住んでいた環境には、彼ら以外にホモ・エレクトゥスしかいなかったわけではない。周囲にはいろいろな生物がいて、それらの生物ともさまざまな競争をしながら生きていた。特に重要なのは、ヒヒだろう。ホモ・エレクトゥスでさえ、走るのがとても速いヒヒには手を焼いたに違いない。敏捷（びんしょう）に動き回るヒヒに、何度も食物を取られてしまったことだろう。ましてやアウストラロピテクス・ボイセイは、素早く動き回るヒヒに対して、どうすることもできなかったのではないだろうか。というか、ヒヒに太刀打ちできなかったからこそ、仕方なく誰も食べないような硬くて食べにくい植物を食べるようになった人類がいて、それがアウストラロピテクス・ボイセイのような頑丈型猿人だったのかもしれない。

　単純化して、アフリカの草原に住む霊長類は、ヒヒとアウストラロピテクス・ボイセイとホモ・エレクトゥスだけだったとしよう。乾燥化していく環境にうまく適応した順位をつけると、1番目がヒヒで、2番目がホモ・エレクトゥスで、3番目がアウストラロピテクス・ボイセイになりそうだ。そうであれば、生き残るか絶滅するかのボーダーラインは、2番目と3番目の間だったことになる。もしもアフリカの環境がもう少し悪くて、ボーダーラインが1番目と2番目の間まで上がっていたら、あなたも私も生まれなかったということだ。進化には偶然と必然の両面があるが、偶然の面も、つまり運任せの部分も結構あるのである。

第8章　ホモ属は仕方なく世界に広がった

アフリカから出た人類

約700万年前に人類はアフリカで誕生した。それ以来、何百万年ものあいだ、人類はアフリカの中だけで生きて、そして進化してきた。しかし、ついに人類が、アフリカを出る日がやってきた。

アフリカの外に人類が住んでいた最古の証拠は、ジョージア（旧称グルジア）のドマニシ遺跡である。約177万年前の人骨が産出する他、その下の約180万年前の地層からも石器が見つかった。ドマニシ遺跡で見つかった化石人類（ドマニシ原人と呼ばれる）の身長は約147〜157センチメートルで、脳容量は約600〜775ccだった。このドマニシ原人をホモ・エレクトゥスとする研究者もいるが、それにしては身長が低いし、脳容量も小さい。これまでのホモ・エレクトゥスで最小の脳容量は691ccだったが、ドマニ

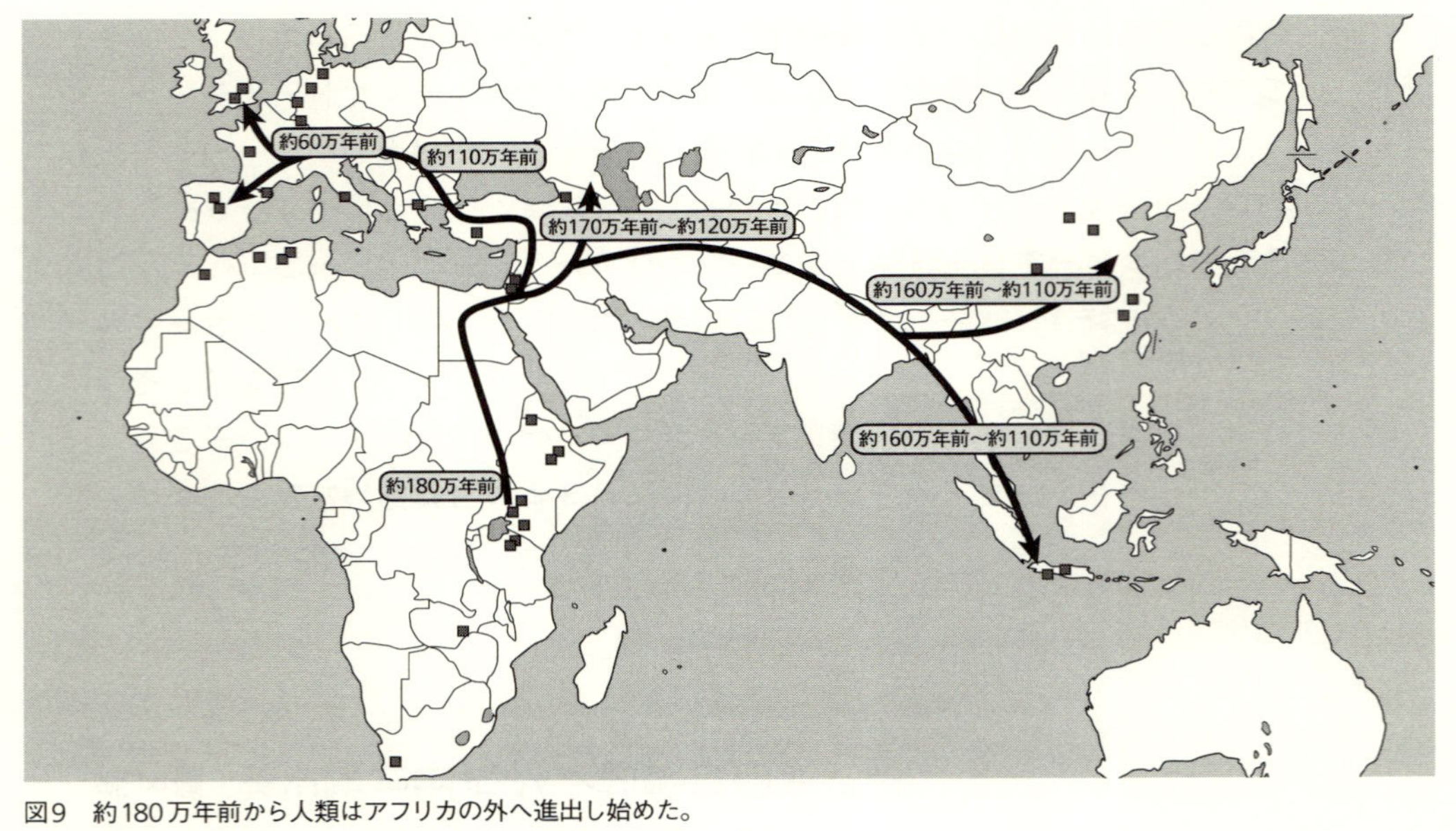

図9　約180万年前から人類はアフリカの外へ進出し始めた。
数字はその地域に到達した年、四角は化石が発掘された場所を示す

シ原人の中にはそれを下回る個体もある。そこでドマニシ原人は、ホモ・エレクトゥスとは別種のホモ・ゲオルギクスであるとする研究者もいる。微妙なところなので、本書ではドマニシ原人のことを、ホモ・エレクトゥスかホモ・ゲオルギクスか結論せずに、単にドマニシ原人と呼ぶことにする。

人類の出アフリカ（旧約聖書の出エジプト記になぞらえて、しばしばこう呼ばれる）についての伝統的な説は、以下のようなものだった。東アフリカで約190万年前〜約170万年前にホモ・ハビリスからホモ・エレクトゥスが進化した。ホモ・エレクトゥスは脚が長いので、移動能力が高かった。また、脳が大きく（アフリカのホモ・エレクトゥスの脳容量は約900cc）、その大きい脳を維持するためには多くの肉が必要だった。そこで移動能力を生かして行動範囲を広げた結果、ホモ・エレクトゥスの生息範囲は広がり、一部はアフリカを出てユーラシアに進出した。そして、ジャワ原人や北京原人のような、ホモ・エレクトゥスの地域集団を作った、というものだった。

しかし、アフリカのホモ・エレクトゥスは、脳容量も大きく、眼窩上隆起が発達し、身長も高い。したがって、ホモ・エレクトゥスの中では原始的ではなくて、それなりに派生的な集団である可能性が高い。一方、アフリカから出たドマニシ原人は、脳容量も小さく、身長も低いので、ホモ・エレクトゥスとすれば原始的な集団と考えられる。これでは、逆さまだ。アフリカに残った集団が原始的で、アフリカを出た集団が派生的なら、わかるけれど。さらにドマニシ原人は脳が小さいので、大きな脳を維持するために行動範囲を広げたというのもおかしい。ドマニシ原人の発見によって、伝統的な出アフリカ説は修正が必要になったと言ってよいだろう。

サーベルタイガーに襲われたドマニシ原人

現在のドマニシは、冬になると氷点下20度にも達する寒いところである。しかし約177万年前には温暖な土地だったらしい。ドマニシ遺跡からは大量のオルドワン石器が発見されており、石器による傷がついた草食獣の骨も見つかっている。ドマニシ原人が動物の肉の処理を行っていたことは確実で、肉を食べる機会は多かったのだろう。

しかし反対に、ドマニシ原人は肉食動物の餌食（えじき）にもなったようだ。サーベルタイガーの歯の痕がついた頭蓋骨が見つかっているからだ。サーベルタイガーというのは、上顎の犬歯が非常に大きいネコ科の動物で、現在は絶滅している。名前はサーベルタイガーだが、系統的に特にトラに近いわけではない。ちなみに、もっとも有名なサーベルタイガーであるスミロドンはアメリカ大陸に住んでいたので、ドマニシ原人を襲ったサーベルタイガーとは別の種だ。

ドマニシ原人が火を使っていた証拠はないので、肉食動物から身を守るのは難しかっただろう。しかし、協力的な社会関係は作っていたようなので、集団で肉食獣を追い払うことぐらいはできたかもしれない。

ドマニシ原人の化石の中には、推定年齢が40歳という当時としては高齢の個体があった。この個体の歯は、1本を残して他のすべての歯が抜けていた。しかし、歯槽の部分の骨が再生していることから、この個体は歯がないまま数年間は生きていたことがわかった。

当時は柔らかい食物はほとんどなかったから、歯がなければ生きていくことはできない。しかし数年間は生きていたのだから、誰かが硬い食物を石で叩き潰したり、柔らかい骨髄や脳を与えたりして、この個体を介護していたと考えられる。ドマニシ原人には協力的な社会関係があったのだ。それは肉食獣から身を守るためにも、役に立ったに違いない。

地球は意外と狭い

ホモ・エレクトゥスは身長が高く、長距離を歩いたり走ったりすることができた。ドマニシ原人は、身長は低いが土踏まずは発達しているし、ホモ・エレクトゥスほどではないかもしれないが、やはり長距離を歩いたり走ったりすることができただろう。出アフリカについての伝統的な説では、この移動能力の高さを重視していた。しかし実際のところ、移動能力の高さと生息域の広さには、どのくらい関係があるのだろうか。

たとえば、アフリカでホモ・エレクトゥスが誕生したのが（遅めに考えて）１７０万年前とする。そしてジャワ島にジャワ原人が現れるのが１６０万年前とする。その差は10万年である。10万年でアフリカからジャワ島まで生息域を広げるのに、足の速さは必要だろうか。

不動産の物件の表示では「駅から５分」とか書いてあるが、この1分は80メートルを意味している。駅から5分なら、駅から５×80＝４００メートルだ。仮にこれを私たちの歩く速度だとすると、分速80メートルだから時速４・８キロメートルだ。この速度で地球の端から端まで、たとえば北極から南極まで歩いたら、どのくらい時間がかかるのだろうか。

北極から南極までは2万キロメートルなので、時速４・８キロメートルで歩くと、だいたい半年かかる。何万年という時間に比べたら、あっという間である。まあ、これは北極から南極まで陸続きで、しかも山や谷のない平坦な地形だと考えた場合だ。現実とは異なるけれど、それにしても半年とは短い。そういえば、あるカタツムリの移動速度は、1秒あたり1・6ミリメートルだそうである。このカタツムリが北極から南極まで歩くと、だいたい400年かかる。400年だって何万年に比べたら、あっという間だ。

もっとも、カタツムリは移動能力が低いので、種分化しやすいと言われる。つまり、1種あたりの生息範囲は狭くなる傾向があるようだ。しかしそれは、カタツムリの足が遅いからではなくて、カタツムリが海や山などの障害物を越えることができないからだろう。もしもカタツムリが海でも山でも自由に越えて移動できるのであれば、生息範囲は広くなるはずだ。どんなに足が遅くても、何万年も経てばどこへだって行けるのだ。地球は意外と狭いのである。

ホモ・エレクトゥスやドマニシ原人は、アウストラロピテクスなどの古い人類よりも、長距離を歩いたり走ったりできるかもしれない。でも、必ずしも移動能力が高いことが、生息範囲を広げる原因になったわけではない。人類はアフリカの外へ、何世代もかけてゆっくりと広がっていったのだ。個体レベルでの移動ではなくて、世代レベルでの移動である。個体レベルの移動には、個体の移動能力の高さが関係するかもしれない。しかし、世代レベルの移動には、何か別の理由があるはずだ。

貧しいものが生き残った

ジブラルタル海峡は、大西洋と地中海をつないでいる。海峡の北側はスペインだが、ジブラルタル海峡に突き出した小さな半島だけはイギリス領で、そこをジブラルタルという。18世紀の初めにイギリス領になって以来、住民の出生、死亡、転入、転出などの記録が、きちんと残っているそうだ。

19世紀のビクトリア朝の時代になっても、ジブラルタルでの生活は苦しかった。衛生状態が悪く、特に飲み水が足りなかった。裕福な家では、井戸を掘ったり貯水池に雨水を貯めたりしていたが、貧しい家には、そういうものはなかった。当然、裕福な人々よりも、汚れた水しか飲めない貧しい人々の方が、死亡率が高かった。

ところが、ある年にジブラルタルは、深刻な干ばつに襲われた。すると、どういうことが起きただろうか。貧しい人々はますます多く死んで、裕福な人々の一部が何とか生き残ったのだろうか。いや、結果は逆だった。裕福な人々がたくさん死んで、貧しい人々の方が多く生き残ったのである。

この結果は、次のように考えれば納得できる。単純化して、2種類の人間がいるとしよう。汚れた水を飲んでも死なない「強い人」と、汚れた水を飲むと死ぬ「弱い人」だ。最初は、裕福な家にも貧しい家にも、強い人と弱い人が半分ずついたとする。しかし時間が経つにつれて、貧しい家には強い人の割合が増えていった。貧しい家では、いつも汚れた水を飲んでいたので、弱い人は死んでいったのだ。一方、裕福な家には、あいかわらず強い人も弱い人も同じくらい住んでいた。いつもきれいな水を飲んでいるので、強い人だけでなく、弱い人も生き残ることができたからだ。

つまり干ばつが来る直前には、貧しい家には強い人が住んでいて、裕福な家には強い人も弱い人も両方住んでいる、そういう状況だった。そして、干ばつに襲われると、裕福な家でも貧しい家でも、汚れた水を飲まなくてはならなくなった。すると、貧しい家に住んでいるのは強い人なので、あまり死ななかった。ところが裕福な家には強い人も弱い人も住んでいるので、弱い人が大勢死んだのである。その結果、貧しい人々よりも裕福な人々の方がたくさん死んだのである。

これと同じようなことが、人類の出アフリカで起きた可能性はないだろうか。

仕方なくアフリカから出ていった？

人類がアフリカからユーラシアに広がる。そう言うと、希望に満ちた前途洋々の将来が待っているような気分になる。でも実際は、アフリカからユーラシアへ追い出されただけかもしれない。

現在知られている限り、アフリカから出た人類の最古の化石は、ドマニシ原人だ。同時代の典型的なホモ・エレクトゥスに比べると、脳も小さいし身長も低い。いろいろな面でホモ・エレクトゥスに敵わなかったのではないだろうか。当時のドマニシは現在よりは温暖なところだったようだが、アフリカよりは暮らしにくかったのかもしれない。ドマニシ原人の祖先が、ホモ・エレクトゥスにアフリカから追い出されたのが、最初の出アフリカだったのかもしれない。

ドマニシ原人の脳が小さいことは、ドマニシでの暮らしが厳しかったためである可能性もある。さきほど、脳はダウンロードした有料アプリのようなものだと言った。毎月使用料を払えるなら問題ないが、貧乏になって使用料が払えなくなったら、有料アプリを解約するしかない。ドマニシでの生活がアフリカよりも過酷で、肉などの食物があまり食べられなければ、大きい脳を維持することができない。その場合は脳が大きい個体から死んでいくので、生き残るのは脳が小さい個体になる。つまりドマニシ原人は、出アフリカをしたあとで、脳が小さくなるように進化した人類ということになる。

あるいは、私たちは考えすぎなのかもしれない。出アフリカには大した意味はないのかもしれない。というのは、人類と同じ時期に何種もの哺乳類が、やはりアフリカからユーラシアへ移住しているからだ。全般的な乾燥化が進んだことにより、草原や疎林が広がった。そのため、草原や疎林に住んでいた動物の生息範囲が広がった。生息範囲が広がっていくときに、生息範囲の最前線がたまたまアフリカとユーラシアの境界を超えた。たんに、そういうことだったのかもしれない。つまり出アフリカをした哺乳類はたくさんいて、人類はその一部だったにすぎないということだ。

ともあれ約180万年前にホモ・エレクトゥスかその近縁種がアフリカからユーラシアに出て、生息範囲を大きく広げた。それは人類が世界中に進出する最初の一歩だった。

ホモ・エレクトゥスの地域集団

南アジアや東南アジアからは、人類の化石があまり発見されていないが、インドネシアのジャワ島からは、多数のホモ・エレクトゥスの化石が見つかっている。ジャワ島に住んでいたホモ・エレクトゥスはジャワ原人と呼ばれる。年代についてはいくつか意見があるが、約160万年前～約10万年前頃に住んでいたらしい。100万年以上にわたって住んでいたので、比較的変異が大きいのが特徴である。他の人類とは隔離された環境に住んでいたことも手伝って、独自の進化を遂げたようだ。新しい時代のジャワ原人の方が、脳が大きく顎や歯は小さい傾向がある。脳容量に関して言えば、初期は850ccぐらいだったが、末期には1200ccぐらいまで達していた。

中国からも多数のホモ・エレクトゥスの化石が発見されている。周口店（しゅうこうてん）から発見されたホモ・エレクトゥスが有名で、北京原人と呼ばれる。これは約75万年前の化石である。ちなみに、有名なわりに、実は北京原人の完全な頭蓋骨は1つも発見されていない。復元されている北京原人の頭蓋骨は、複数の個体の頭蓋骨を合成したものである（ただし数の少ない化石の場合、こういうことはよくある）。北京原人が現在の中国人の祖先でないことは確実だが、いつどのようにして絶滅したのかはよくわからない。北京原人よりもあとの時代で、かつホモ・サピエンスが中国に到達する前に、中国に人類がいたことはほぼ確かで、化石も見つかっている。しかし、その人類が、北京原人の子孫なのか、アフリカからやってきた別の集団なのかはわかっていない。

また、中国の雲南省から産出したホモ・エレクトゥスのものとされる歯の年代は、約170万年前と推定されている。しかし、これはちょっと古過ぎるのではないだろうか。約75万年前から約170万年前まで化石の空白期間が100万年近くあるのはやや不自然である。もし、これが正しければ、中国最古の人類ということになるが、約70万年前のものだという反対意見もある。

ヨーロッパにおける人類の化石としては、スペインのアタプエルカ山中のシマ・デル・エレファンテ洞窟で発見されたものが最古とされている。およそ約120万年前〜約110万年前のものである。ホモ・エレクトゥスに近い種だと考えられるが、ホモ・アンテセソールという別種として報告されている。一緒に出てくる石器は古いオルドワン型なので、スペインまで進出したのは、必ずしも技術の進歩のおかげではなかったようだ。

ちなみに、やはりスペインから、約90万年前のハンドアックスが見つかっている。これがヨーロッパにおける最古のアシュール石器であるが、その後もヨーロッパでは古いタイプのオルドワン石器が広く使い続けられた。

ホモ・アンテセソールのもっとも新しい化石は約78万年前のもので、スペインのグラン・ドリナ洞窟で発見された。脳容量は約1000ccで、オルドワン石器や獣骨も一緒に見つかっている。ホモ・アンテセソールの骨はすべてバラバラになっていた。しかも、獣骨と同じように、石器による傷がついている骨もたくさんあった。

かつては人骨がバラバラになって発見されると、食人が行われた証拠と解釈されたこともあった。しかし、肉食獣に食い荒らされても、土に埋まったあとの堆積作用によっても、人骨がバラバラになることはある。したがって、人骨がバラバラになっているだけでは、食人の証拠にはならない。しかし、グラン・ドリナの人骨はバラバラになっているだけでなく、石器による傷もついているので、食人が行われたことはほぼ間違いない。傷がついた骨は、子供や若い個体のものであった。食人のために他の集団が襲ってきたときには、おそらく大人よりも子供や若い個体の方が犠牲になりやすかったのだろう。

あとで述べるネアンデルタール人や私たちホモ・サピエンスも、食人を行っていた証拠がある。特にホモ・サピエンスでは、焼いて食べた証拠もある。今よりはるかに食料事情が悪かった昔の人類では、しばしば食人が行われていたのだろう。それが遅くとも約78万年前には始まっていたということだ。

ホモ・アンテセソールが火を使っていた証拠はない。食人が日常的に行われていたとすれば、他者への共感も持っていなかっただろう。ホモ・アンテセソールは、アフリカを出てヨーロッパに進出した人類なので、のちの時代にやはりヨーロッパに住んでいたネアンデルタール人の祖先であるという意見もある。しかし、ネアンデルタール人の祖先としては、あとで述べるホモ・ハイデルベルゲンシスの方が可能性は高い。おそらくホモ・アンテセソールは、子孫を残すことなくヨーロッパで消えていった人類なのだろう。ネアンデルタール人がヨーロッパに到着する前に、すでに絶滅していたようだ。証拠がない以上、絶滅の原因はわからないけれど、おそらく他の人類と競争して負けたわけではない。環境の悪化などのために、絶滅したのだろう。人類だってただの生物なのだから、環境が悪くなれば絶滅するのである。

第9章　なぜ脳は大きくなり続けたのか

面倒なアシュール石器をなぜ作ったのか

約260万年前から使われ始めたオルドワン石器は、主にアウストラロピテクス・ガルヒやホモ・ハビリスが使っていたと考えられている。

これは石と石を打ちつけて、砕いて作る石器である。実際に石器を作ってみた考古学者の見解では、オルドワン石器を作った人類は、最終的にできる石器の形をあまりイメージしていなかったらしい。まったくイメージしていなかったわけではないだろうが、石器の形は、むしろ原材料の形に大きく影響されたようだ。ある程度は、成りゆきまかせだったのだろう。しかし、石器の材料となる石選びには、高度な考えが必要だった。鋭利な刃を作るためには、細粒性の石が必要で、ときには遠方から運んでくることもあった。できた石器は非常に鋭利で、表面を顕微鏡で観察した結果、肉や木や草を切るのに使われていたことがわかった。

石器はチンパンジーやボノボには作れない。いくら教えてもダメなのだ。アウストラロピテクス・ガルヒの脳容量（約450cc）はチンパンジーやボノボとそれほど変わらないが、認知能力にはかなりの違いがあったのだろう。

その後、約175万年前のエチオピアで、新しいタイプの石器が現れた。アシュール石器である（第7章の図7参照）。オルドワン石器に比べて、アシュール石器には大きいものが多く、主に使っていたのはホモ・エレクトゥスである。彼らは、最終的にできる石器の形をイメージしていたようだ。それがはっきりとわかるのが、代表的なアシュール石器であるハンドアックスだ。ハンドアックスは切断などに使われたと考えられているが、たいてい涙滴型をしている。原材料の形に関係なく、石器製作者が頭の中に描いたイメージ通りに作られているわけだ。ハンドアックスを作るには、高度な技術と忍耐力が必要だ。

どうしてホモ・エレクトゥスは、ハンドアックスなどのアシュール石器を面倒くさがらずに作ったのだろう。よほどいいことがなければ、作る気がしないだろうに。きっと、アシュール石器を使えば、美味しいものが食べられたのだ。目の前に、死んだ草食動物の大きな骨がある。中には美味しい骨髄が入っている。この骨を砕いて骨髄にありつくためなら、頑張ってアシュール石器を作っても不思議はない。作るのが大変な分、アシュール石器は素晴らしい働きをする。ほとんどすべての動物の皮を切りさいて、肉を取り出すことができる。骨を割って、骨髄を取り出すこともできる。アシュール石器を作るようになったので、人類は常習的に肉食をすることができるようになったのだ。

火の使用が始まった

南アフリカの洞窟から、およそ100万年前の獣骨が大量に発見された。獣骨は洞窟内に広く散らばっていた。一部の獣骨には、火で焼けた跡が残っていた。そして、焼けた獣骨が見つかった場所は、洞窟内の一部に集中していた。

今も昔も地球上では、山火事や野火が起きていないときはない。必ず地球上のどこかで、山火事や野火は起きている。だから、焼けた獣骨が見つかっただけでは、人類が火を使った証拠にはならない。しかし、この焼けた獣骨は、洞窟内の数ヶ所に集中していたのだ。

野火で焼け死んだ動物が洞窟に運び込まれたり、洞窟の中で自然発火が起きたりしたのなら、焼けた獣骨は洞窟内のあちこちで見つかるはずだ。しかし、焼けた獣骨が集中しているということは、ホモ属（おそらくホモ・エレクトゥス）が火を管理していた証拠だろう。

だが、火を起こしたかどうかまではわからない。野火などを採って、大切に維持していたのかもしれない。

火の使用は、証拠としては残りにくい。したがって、火を使用した最古の証拠の年代を、火の使用が始まった年代とすることはできない。この焼けた獣骨は約100万年前のものだが、実際に火を使い始めたのは、さらに数十万年ぐらい遡る可能性がある。

火を使った理由としては、主に3つ考えられる。まず、肉を焼いたのだろう。肉を焼けば、消化しやすくなるからだ。それから、肉食獣から身を守るためにも使ったと考えられる。そして、寒い冬には、体を温めるためにも使ったに違いない。

ホモ・エレクトゥスは、アウストラロピテクスに比べて脳が大きく、腸が小さかった。アシュール石器も火の使用も、消化のよい肉食を増やすことにより、脳を大きくして腸を小さくするのに役立ったのだ。そして、食事や消化に時間がかからなくなって暇になった人類は、その暇な時間に大きな脳を使い始めるようになる。暇だから、コミュニケーションをするようになる。そして、次のステップへと進んでいくのである。

私たちにつながる人類の出現

ホモ・エレクトゥスがアフリカの外に広がったあと、アフリカでは新たな人類が出現した。ホモ・ハイデルベルゲンシスである。おそらく、ホモ・エレクトゥスの一部から進化したと考えられるが、はっきりした系統関係はわからない。ホモ・ハイデルベルゲンシスは約70万年前〜約20万年前に生きていた人類で、その化石はアフリカの他、ヨーロッパや中国からも見つかっている。脳容量は約１１００〜１４００ccで、平均ではヒトをやや下回るものの、ヒトの変異の範囲内には十分に納まっている。がっしりとした体格で眼窩上隆起も高く、ネアンデルタール人に似ている人類である。実際、ホモ・ハイデルベルゲンシスから、ネアンデルタール人とヒトが進化したと考えられている。

フランスの地中海沿岸部にあるテラ・アマタ遺跡には、約38万年前の最古の小屋の跡がある。大きな石を楕円形に並べて、その石の内側に若木を隙間なく立てる。若木の先端を交差させて、屋根にする。小屋の中には浅い穴が掘られ、そこで火が使われていた。この小屋の住人が誰かはわからないが、時代的に考えて、ホモ・ハイデルベルゲンシスの可能性が高い。

ホモ・ハイデルベルゲンシスは死肉を漁（あさ）っていただけでなく、狩りもしていたようだ。

ドイツのシェーニンゲンで、約30万年前の木でできた槍が何本も発見されたのだ。嫌気的な泥炭層に埋まっていたので、奇跡的に腐らなかったらしい。この木槍は180センチメートルほどの長さがあり、前の方に重心がある。つまり、投げられるように設計されているということだ。ただ、先端も木製なので、鋭く尖ってはいるものの、大きな動物の皮を突き破ることは難しそうだ（ただし、この槍の使い手としては、ホモ・エレクトゥスやネアンデルタール人の可能性もある）。

図10　ドイツ・シェーニンゲンの泥炭層から見つかった木製の槍

一方、シェーニンゲンでは、30センチメートルほどのモミの枝も見つかっている。この枝の片側には、切り込みが入っていた。おそらくこの切り込みには、石器を挟んだのだろう。鋭い石の剝片を、紐（ひも）で固定したのではないだろうか。それを狩りに持っていき、枝の部分をつかんで獲物に突き刺したのだと考えられる。こういう風に別々のもの（枝と石器）を組み合わせて道具を作る革新的な技術も、ホモ・ハイデルベルゲンシスで始まったと考えられている。

ホモ・ハイデルベルゲンシスはおそらく狩りをしており、住居を建て、火を使い、組み合わせ道具も作ることができた。そして、次の時代をになうネアンデルタール人と私たちヒトは、骨の形の特徴から、このホモ・ハイデルベルゲンシスから進化した可能性が高いのである。

世界一になったのは最近

現在の地球で一番脳が大きい動物は、マッコウクジラである。8キログラムぐらいあるらしい。ヒトのだいたい6倍だ。でも、マッコウクジラの方がヒトより頭がいいと考える人はいないだろう。マッコウクジラは脳も大きいけれど、体はもっと大きいからだ。マッコウクジラの体重は40～50トンぐらいあるので、ヒトのだいたい700倍だ。体に対する比率で考えれば、マッコウクジラの脳はヒトよりずっと小さいことになる。

それでは、脳の重さを体重で割れば、頭のよさの指標になるのだろうか。いやそうすると、小さな動物ほど値が大きくなってしまう。たとえば、ヒトは約0・02だが、トガリネズミは約0・1になる。この結果を見せられても、トガリネズミの方がヒトより頭がいいと思う人はいないだろう。

そこで、体の大きさが違う動物の脳の大きさを比べるためには、脳化指数が使われる。脳化指数というのは脳の重さを体重の4分の3乗で割って、定数を掛けたものだ。これを使えば、体の大きさによる偏りをなくして、脳の大きさを比較できると言われている。

とはいえ、脳化指数はかなり大ざっぱなものである。あまり信じすぎるのも問題だが、それを十分承知した上で、ここでは脳化指数を使って人類の脳の進化を考えてみよう。

人類は約700万年前にチンパンジー類から分かれた。その頃の脳化指数は、約2・1であった。そして当時、もっとも脳化指数が高かった動物は、人類ではなく、イルカだった。イルカの脳化指数は約2・8である。人類は地球で一番脳の大きい動物ではなかったのだ。

アウストラロピテクスの時代になっても、脳化指数はほとんど変わらなかった。しかし、ホモ属が現れると、脳が大きくなり始める。そして、ホモ・エレクトゥスの時代に脳化指数でイルカを追い抜いたのである。脳の大きさにはかなりの変異があるので正確には言えないが、だいたい150万年前のことだ。そして現在のヒトの脳化指数は、およそ5・1である。

地球で人類がもっとも脳化指数が高い動物になったのは、わずか150万年前という最近のことなのだ。それまでの数千万年間は、脳化指数がもっとも高い動物は、ずっとイルカだったのである。

脳が大きくなったもう1つの理由

脳が大きくなった理由として、人類が頻繁に肉食をするようになったことを、前に指摘した。しかし、それだけでは説明できない現象がある。それは、肉食を始めてからずいぶん時間が経ったあとでも、さらに人類の脳が大きくなり続けたことだ。しかも、それが、人類の複数の系統で起きたのである。

ホモ・ハイデルベルゲンシスから進化したネアンデルタール人とヒトは、それぞれ独立に脳が大きくなった。それとは別に、ジャワ原人もジャワ島に住んでいるあいだに少しずつ脳が大きくなった。もちろんすべての人類の系統で脳が大きくなったわけではないが、多くの人類の系統で、独立に脳が大きくなったことは事実である。

人類はいろいろなところに住んでいたので、環境が原因だとは考えにくい。ネアンデルタール人は寒いところに住んでいたし、ヒトやジャワ原人は暑いところに住んでいた。暑いといっても、ヒトが住んでいたアフリカ大陸と、ジャワ原人が住んでいたジャワ島では、だいぶ気候が違う。さらに、ヒトはアフリカを出て、世界中に広がった。それでも脳が大きいまま維持されたのだから、脳の増大を共通の環境要因に求めるのは無理だろう。

哺乳類では、社会的な動物ほど、脳が大きいことが報告されている。特に霊長類では、群れのサイズが大きいほど、大脳の新皮質が大きくなる傾向がある。新皮質は大脳の中で、もっとも高度な情報処理を行う領域である。

多くの霊長類は群れを作るが、それは群れを作るとよいことがあるからだ。昆虫などを食べる霊長類は、視覚の他に嗅覚を使ってエサを探すことができる。そこで、夜行性で単独で暮らすものが多い。しかし、果実を食べるようになった霊長類では、視覚が重要になる。特に色が識別できれば、生い茂る葉の中から果実を見つけたり、果実が食べごろかどうかを判断したりできるからだ。だが、明るい昼間に活動しなくてはならないので、捕食者に襲われる危険性が高まる。そのため、1匹で暮らすより群れで暮らすようになったのだろう。捕食者を見つけやすいだけでなく、捕食者に襲われたときに自分が食べられる可能性が低くなるからだ。その他にも、群れを作るとよいことがある。食べ物を探したり、他の群れと闘ったりするときに有利なのだ。このような群れの効果は、複数の研究で実証されている。

だが、群れで暮らすのには苦労もある。群れの中での順位を上げようとすれば大変だし、そうでなくとも、群れの中の個体を識別したり、誰と誰が近縁かを覚えたりしなければならない。群れが大きくなり、個体同士の関係が複雑になると、群れの中の他の個体をだましたり、騙されたりすることも多くなる。たとえばメスのゴリラは、ときどき群れから少し離れた場所に出ていって、順位の低いオスとこっそり交尾をする。そういうときは、普段の交尾とは違って、大きな声を出さないことが観察されている。

このような群れの中の複雑な関係を処理するために、脳が自然選択によって大きくなったと考えられる。そして群れを作れば、脳の増大の栄養的な基礎である肉食にも有利だろう。群れで協力して、動物の死骸を見つけたり、死骸から肉を剝ぎとったり、手に入れた肉を分配したりすれば、個体の生存や繁殖に有利なはずだ。

複雑な社会関係が、脳の大きさに関係していることは、人類以外の動物にも当てはまるようだ。ゾウやクジラが社会を作るのは、その比較的大きな脳のおかげだろう。クジラの中でも、特にイルカは大きな脳を持っている。それが、複雑な社会と音波による意思疎通に関係していることは間違いないだろう。

とはいえ、認知能力にもいろいろなタイプがあるようだ。カラスは社会的な鳥で、脳も大きい。しかし霊長類と違って、群れのサイズと脳の大きさには関係がないらしい。

カラスの中でもっともすぐれた認知能力を持っているのは、カレドニアガラスだ。カレドニアガラスは、クチバシで枝から小枝を取り除き、枝の先端を曲げてフック状にする。これを木の裂け目に入れて、虫を引きずり出す。道具を使うだけでなく、道具を作るのだ。しかも、カレドニアガラスは道具を大切にする。狩りに出かけるときには、道具は木の上に置いていくのである。ところがカレドニアガラスは、小さな家族で暮らしていて、他のカラスとはほとんど交流しない。おそらく、群れのサイズが脳の大きさに関係する霊長類とは、別のタイプの認知能力なのだろう。

恐竜が知的生命体に進化した可能性

ところで、この地球上で、人類よりも先に知的生命体が進化した可能性が、ときどき論じられる。それは恐竜だ。もしも約6600万年前の天体衝突による大量絶滅が起こらず、

図11　白亜紀後期の恐竜トロオドン。大きな目と器用な前足を持つ　『NHKスペシャル生命大躍進』（NHK出版、2015年）より転載

恐竜が生き延びていたとしよう。その場合は、人類よりも先に恐竜が、知的生命体に進化していただろう、という想像である。たとえば、白亜紀（約1億4500万年前〜6600万年前）後期の恐竜トロオドンなどが、知的生命体の祖先の候補となっている。トロオドンは体長約2メートルの小型恐竜で、基本的には肉食であったと考えられている。前肢の3本指のうちの1本が、他の指と向き合っているため、物をつかめた可能性がある。大きな眼が正面を向いていたので、立体視もできたはずだ。そして何よりも、脳が大きかった。現生のどの爬虫類よりも大きく、鳥に匹敵するほどであった。そのためトロオドンは、恐竜の中でもっとも認知能力が高かったと考えられている。

トロオドンの体重は約50キログラムと見積もられているので、私たちヒトと同じか少し軽いぐらいである。しかし、脳は約50ccと見積もられているので、私たちの約１３５０ccと比べるとかなり小さい。だから、実際のトロオドンは、それほど認知能力が高くなかった。おそらく現生の鳥の平均的な認知能力ぐらいで、カレドニアガラスよりは低かった。だが、その後の進化でさらに脳が大きくなったら、知的生命体になったのでは？　という想像なわけだ。

だが正確に言うと、恐竜は絶滅していない。鳥は小型の肉食恐竜の子孫なので、系統的には完全に恐竜である。トロオドン自身は絶滅してしまったが、そのトロオドンにいくらか似ている二足歩行の小型肉食恐竜から、鳥は進化したのである。そして、カレドニアガラスのように認知能力が高い種も現れた。でも、ヒトのような知的生命体は生まれなかった。たとえ、約６６００万年前の大量絶滅がなかったとしても、高度に知的な恐竜は生まれなかったのではないだろうか。ヒトの認知能力が高くなったことには、直立二足歩行が直接あるいは間接的に重要な役割を果たしてきた。でも今のところ、鳥類には（そして人類以外のすべての生物にも）直立二足歩行は進化していないからだ。

もちろん、約６６００万年前の大量絶滅がなかったなら、状況は変わっていたかもしれない。恐竜に直立二足歩行が進化したかもしれないし、直立二足歩行をしなくても知的生命体に進化する道があったかもしれない。でも、あまり空想を逞しくしても仕方がないので、人類の話に戻ることにしよう。

第3部　ホモ・サピエンスはどこに行くのか

第10章　ネアンデルタール人の繁栄

もっとも有名な化石人類

私たちヒトにもっとも近縁な人類は、ネアンデルタール人（ホモ・ネアンデルターレンシス）だ。絶滅した人類の中で最初に化石が発見された種で、化石の数も多いため、もっとも有名な化石人類となっている。

おそらくネアンデルタール人は、ホモ・ハイデルベルゲンシスから進化した。ホモ・ハイデルベルゲンシスはアフリカからヨーロッパ、そして中国まで分布を広げたが、そのうちのヨーロッパの集団の一部がネアンデルタール人に進化したようだ。スペインのアタプエルカにクエバ・マヨール洞窟がある。その洞窟の奥には縦穴が開いており、その中から約30万年前の多くの人類の化石が発見された。このシマ・デ・ロス・ウエソス（骨の穴）の人類は一応ホモ・ハイデルベルゲンシスとされているが、眼窩上隆起が高いなどネアンデルタール人的な特徴も持っている。したがって、ネアンデルタール人の祖先である可能性がある。

このように約30万年前になると、形態がネアンデルタール人的な化石が出土する。そして、約12万５０００年前に温暖なイェーム間氷期に入ると、ネアンデルタール人の遺跡は急増する。約７万年前に寒冷な時期が始まると、遺跡は地中海沿岸まで南下し、その数も減少する。約６万年前に温暖化が始まると、遺跡数は再び増加し、ヨーロッパの北部まで

図12　ネアンデルタール人。ホモ・サピエンスより、背がやや低く、がっしりとした体形をしていた　イラスト：月本佳代美『NHKスペシャル　地球大進化――46億年・人類への旅6』（NHK出版、2004年）より転載

広がっていく。しかし、約4万8000万年前の寒冷化でネアンデルタール人の人口が減少し始め、さらに約4万7000年前にはホモ・サピエンスがヨーロッパに侵入してくると、もはや再び人口が回復することはなかった。そして、ついに約4万年前には、ネアンデルタール人は絶滅してしまう。

ネアンデルタール人が絶滅した時期については、以前は約3万年前と言われていたこともあった。場合によっては、約2万数千年前までスペインで生き残っていたという説もあった。しかし、これまでの年代測定値が複数の研究によって見直されることにより、約4万年前までにはネアンデルタール人が絶滅していたことが、ほぼ明らかになった。ただし、約3万9000年前あるいは約3万8000年前の遺跡がネアンデルタール人のものではないかという議論もあるので、もしかしたら3万8000年ぐらい前までは絶滅時期が更新される可能性がある。しかし現時点では、ネアンデルタール人の絶滅時期は約4万年前ということでよいだろう。

ヨーロッパで唯一の人類となる

ネアンデルタール人の物語は、約30万年前に始まって、約4万年前に終わる。地球の生物の歴史上、私たちヒトにもっとも近縁な生物であり、また（ヒト以外で）一番最後まで生き残っていた人類でもあるので、なんとなく悲哀感が漂う。特に最後の数千年間は、ネアンデルタール人が絶滅に向かっている時期なので、なおさらだ。でも、たとえばネアンデルタール人の物語を、5万年前で止めてみたらどうだろう。他の人類を絶滅に追いやり、ヨーロッパにおける唯一の人類として繁栄を極めたネアンデルタール人の姿が、見えてくるのではないだろうか。

ネアンデルタール人がヨーロッパに現れたころには、すでにホモ・ハイデルベルゲンシスがヨーロッパに住んでいた。しかし、その後、ホモ・ハイデルベルゲンシスは絶滅し、ネアンデルタール人はヨーロッパで唯一の人類種となった。

なぜ、ホモ・ハイデルベルゲンシスが絶滅し、ネアンデルタール人が生き残ったのかは、よくわからない。しかし、ホモ・ハイデルベルゲンシスよりもネアンデルタール人の方が、進んだ技術を使っていたことは確からしい。たとえば、ホモ・ハイデルベルゲンシスも、組み合わせ道具は作った。30センチメートルぐらいの枝の先に切り込みを入れ、石器を挟んで槍を作っていた。しかし接着剤のようなものを使った形跡はないので、おそらく紐で縛って、枝と石器を固定したのではないかと思われる。一方、ネアンデルタール人になると、天然の樹脂を接着剤として使っていたようである。ちなみに、ネアンデルタール人が石器と枝を組み合わせて、槍として使い始めたのは25万年前ごろのようだ。

また、ホモ・ハイデルベルゲンシスがどのくらい大きな動物を狩っていたかは疑問だが、ネアンデルタール人はゾウを狩ることもあったらしい。ネアンデルタール人が住んでいたころのヨーロッパには、真っすぐな牙が特徴的なストレートタスクゾウという大型のゾウが生息していた。約12万5000年前のドイツのレーリンゲン遺跡では、このストレートタスクゾウのあばら骨のところから木製の槍の先端が発見されたのだ。また、約4万年前にネアンデルタール人が住んでいたと思われる洞窟から、マンモスの骨も発見されている。とはいえ、ネアンデルタール人は槍を手で持って、突き槍として使ったと考えられている。投げ槍として使ったとしても、投槍器はなかったので、かなり近づいて手で投げなくてはならない。それでは元気なゾウを狩るのは難しいので、たまたま怪我をして弱ったゾウがいたから狩ったとか、そういうことかもしれないけれど。

ネアンデルタール人が日常的に動物を狩るようになったのは、数万年前だと考えられている。イタリアの約12万年前の遺跡にあった獣骨には、頭骨が多かった。肉食動物は頭骨を食べ残すことが多いので、ここに住んでいたネアンデルタール人は、死んだ動物の肉を漁っていたのだろうと考えられた。一方、時代が下って、約5万年前の遺跡になると、頭骨に限らず体のいろいろな部分の骨が残されていた。そのため、約5万年前には、ネアンデルタール人は狩猟を始めていたらしい。獲物としては、ヤギやウマやトナカイなどが多かったようだ。

もっとも、同じネアンデルタール人でも、地域によって違いがあっただろう。狩猟が盛んになるのは、ドイツの方がイタリアよりも早かったのかもしれない。あるいは、地域の違いではなくて、単に集団ごとに違いがあっただけかもしれない。いずれにしてもネアンデルタール人は、ホモ・ハイデルベルゲンシスより大きな動物を狩っていた可能性は高そうだ。

このような進んだ技術を使えた理由の1つとして、ネアンデルタール人の脳が大きかったことが挙げられる。ホモ・ハイデルベルゲンシスの脳容量はだいたい1250ccぐらいだが、ネアンデルタール人の脳容量は1550ccほどもあり、1700ccを超えることさえ珍しくなかった。

ネアンデルタール人が暮らした環境

そうしてネアンデルタール人は分布を広げ、西はスペイン南端のジブラルタルから、東はシベリアのアルタイ山脈にまで達したようだ。ネアンデルタール人というと寒冷地に適応した人類というイメージが強い。確かに寒い地域に住んでいたネアンデルタール人が多いが、住もうと思えばさまざまな環境で生きていける、頑強で適応力の高い種であった。

ネアンデルタール人の体が寒冷地に適応していたと考えられた最大の根拠は、そのがっしりとした体格だ。確かに、細い脚よりも太い脚の方が冷えにくいので、寒さに強いと考えられる。しかし、ネアンデルタール人の祖先と考えられるホモ・ハイデルベルゲンシスも、アフリカにいたころからがっしりとした体格だった。ネアンデルタール人の太くて頑強な体はヨーロッパという寒い土地にきてから進化したものではない。ある程度はもとから太くて頑強だったのだ。

寒冷な環境に適応して、太い体に進化した生物といえば、クジラが頭に浮かぶ。クジラは北極海のような寒い海でも平気で生きている。北極海の水温はマイナス2度くらいまで下がるので（塩分があるので海水は0度で凍らない）、普通の動物なら生きていくことは不可能である。では、なぜクジラが生きていけるのかというと、それは厚い脂肪層のおかげである。クジラの皮下脂肪層は50センチメートルに達することもあり、体がずんぐりして見える。

もしも体重が約80キログラムのネアンデルタール人が皮下脂肪で厳寒期を乗り切るとすると、あと50キログラムは脂肪をつけなければならないという試算もある。少しぐらい体が太くなっても、全然足りないのである。おそらくネアンデルタール人は、現在の北極圏に住む人たちのように、寒さをしのぐために衣服や火のような文化的手段に頼っていた可能性の方がずっと高い。

一方、ネアンデルタール人の肌の色は、白かったと考えられている。皮膚は紫外線を吸収することによって、ビタミンDを作ることが知られている。ビタミンDが不足すると、骨が弱くなり、くる病や骨軟化症を起こすこともある。したがって、日光浴をすることは大切なのだが、地域によって紫外線の強さが違うので、日光浴をしなければならない時間も変わってくる。低緯度地域では1日に数分ぐらい日光浴をすれば十分らしいが、高緯度地域だと1日に何時間も日光浴をしないと足りないようだ。そこで高緯度地域に住んでいると肌のメラニン色素が減って色が白くなり、たくさん紫外線を吸収できるようになるのである。

第12章で述べるスペインのエル・シドロン洞窟から見つかったネアンデルタール人の骨からは、DNAが抽出されている。そして、メラニン色素の産生に関わる遺伝子（MC1R）の塩基配列が決定され、ネアンデルタール人に特有の突然変異が見つかった。その結果、ネアンデルタール人では、この遺伝子の活性が低下していることが明らかになった。これは、ネアンデルタール人がメラニン色素をほとんど作らず、肌が白かったことを示している。もちろんネアンデルタール人の肌が白かったことは予想されていたことだが、遺伝子で再確認されたことは重要である。

ヨーロッパという比較的高緯度の地域に住んでいたネアンデルタール人の肌は白かった。しかし、がっしりとした体格は、寒冷地への適応というよりは、祖先から引きついだものだった。まあ、寒さをしのぐために、がっしりとした体格も少しは役に立ったかもしれないが、衣服や火という文化的手段の方が、はるかに効果的だったろう。

考えてみれば、むしろ私たちホモ・サピエンスの方が変わっているのだ。がっしりしたホモ・ハイデルベルゲンシスやネアンデルタール人と違って、ホモ・サピエンスは細くて華奢な体をしている。それなのに、ホモ・サピエンスはネアンデルタール人よりも寒さに強かった。それについては、またあとで、ネアンデルタール人の絶滅を論じるときに検討することにしよう。

ヨーロッパに住んでいたホモ・ハイデルベルゲンシスの一部が、約30万年前にネアンデルタール人に進化した。最初は数が少なかったネアンデルタール人も、徐々に人口を増やしていく。とはいえ、化石や遺跡の数から考えると、ホモ・ハイデルベルゲンシスもネアンデルタール人も、それほど人口は多くなかったようだ。ホモ・ハイデルベルゲンシスの生活を圧迫して絶滅に追い込むほど、ネアンデルタール人がたくさんいたとは思えない。おそらく寒冷化に対する文化的な適応力に、差があったのではないだろうか。衣服や火などの文化的な工夫は、ネアンデルタール人の方が優れていたのだろう。そしてホモ・ハイデルベルゲンシスは徐々に数を減らし、絶滅に追い込まれてしまった。そしてネアンデルタール人は、ヨーロッパで唯一の人類となった。ホモ・サピエンスがやってくるその日までは。

第11章　ホモ・サピエンスの出現

30万年前の化石はホモ・サピエンスか

アフリカを出て、ヨーロッパに住み着いたホモ・ハイデルベルゲンシスの一部から、おそらくネアンデルタール人が進化した。一方、アフリカにとどまったホモ・ハイデルベルゲンシス（あるいはその近縁種）の一部が、ホモ・サピエンスに進化したと考えられている。DNAによる解析によれば、ホモ・サピエンスとネアンデルタール人が分岐したのは、およそ40万年前だ。しかし、その時代には、まだホモ・サピエンスもネアンデルタール人もいなかった。おそらく40万年前という年代は、ホモ・ハイデルベルゲンシスの中で集団が分岐した年代を表しているのだろう。つまり、ヨーロッパへ向かった集団と、アフリカにとどまった集団が、分かれた時期だ。ネアンデルタール人やホモ・サピエンスが現れるのは、それから10万年以上経ってからである。

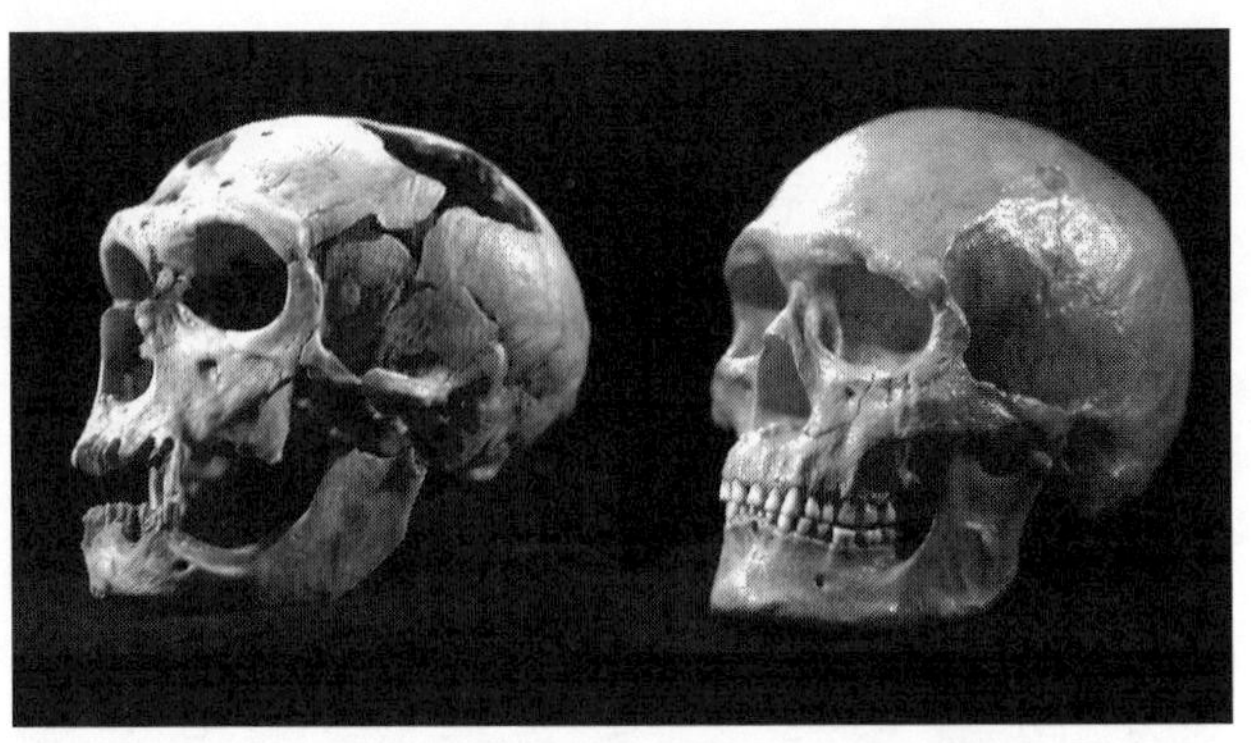

図13　ネアンデルタール人（左）とホモ・サピエンス（右）の頭蓋骨　『NHKスペシャル　地球大進化――46億年・人類への旅6』（NHK出版、2004年）より転載

ホモ・サピエンスの特徴の1つは、額が立っていることである。他の人類の額は水平に近いが、それが立ち上がって鉛直に近くなっている。いわゆる「おでこ」があるのが、私たちの特徴というわけだ。これは、高度な思考をつかさどる大脳の前頭葉が大きくなったことを反映していると言われている（ただし、ホモ・サピエンスとネアンデルタール人の前頭葉の大きさはほぼ同じである）。また、眼窩上隆起が小さくなって消失したことも特徴に挙げられる。さらに、顎が小さくなって顔面が後ろに引っ込んだため、顎の先端が取り残されて突き出した。つまり頤（おとがい）が発達したことも、私たちの特徴だ。

これらの特徴は骨の形からわかるので、解剖学的特徴と言われる。そして、解剖学的な特徴からホモ・サピエンスであると判断された人類を、解剖学的ホモ・サピエンス（解剖学的現生人類）という。もしかしたら行動や認知能力は現在のホモ・サピエンスとは違うかもしれないが、とりあえず現在のホモ・サピエンスと同じ形をしている人類を、解剖学的ホモ・サピエンスというわけだ。

とはいえ、同じ形かどうかを判断するのは、それほど簡単ではない。私たちは一人一人、少しずつ形が違う。顔が違うことからも、それは明らかだ。もしも人類の化石が見つかって、その特徴が現在のホモ・サピエンスの変異の範囲に収まるなら、その化石をホモ・サピエンスとすることに問題はないだろう。それとは逆に、特徴がホモ・サピエンスの変異の中に収まらないだけでなく、まったくかけ離れている場合は、その化石を「ホモ・サピエンスでない」とすることに、これまた問題はないだろう。しかし、変異の中にギリギリで収まらない場合はどうしたらよいだろうか。

古いホモ・サピエンスの化石としては、エチオピアのオモ盆地で発見された、約19万5000年前の頭蓋骨が有名である。この化石の特徴は、厳密に言えば、現在のホモ・サピエンスの変異の中に収まらない。とはいえかなり近いので、ホモ・サピエンスとして広く認められている。

モロッコのジェベル・イルード遺跡から出土した約30万年前の化石は、オモの化石よりもう少しだけ、現在のホモ・サピエンスから離れている。額はあまり立ち上がっていないし、眼窩上隆起もそれほど小さくない。しかし、顔は後ろに引っ込んでいるし、頤もあって、歯も現在のホモ・サピエンスによく似ていた。この化石をホモ・サピエンスと呼ぶかどうかには、まだ議論があるようだが、現在のホモ・サピエンスに直接つながる系統である可能性は高いと考えられる。これまでは、ホモ・サピエンスの起源は約20万年前と言われてきたが、約30万年前に修正した方がよさそうだ。

両刃のナイフのような石刃(せきじん)や、木の実などをすり潰すのに使った可能性がある石皿、着色するのに便利な顔料(色のついた粉末)などは、約28万年前からアフリカで見つかり始める。これらはホモ・サピエンスが作ったものと思われる。しかし、これまでは、ホモ・サピエンスの最古の骨は約20万年前のものだった。そこで、形態のホモ・サピエンス化が起きる前に、行動のホモ・サピエンス化が始まっていたのだとする意見もあった。行動の進化が形態の進化を促したというのである。しかし、ホモ・サピエンスの起源が約30万年前まで遡るのであれば、無理にそう考える必要もないだろう。約28万年前の石刃や石皿や顔料は、ホモ・サピエンスが作ったと考えればよいことになる。

ミトコンドリア・イブはヒトの起源ではない

約20万年前にアフリカに住んでいた1人の女性が、現在のすべてのヒトの祖先であるという話がある。これはミトコンドリアDNAを調べることによって提唱された説なので、この女性はミトコンドリア・イブと呼ばれている。そこで、もしもホモ・サピエンスの起源が20万年前から30万年前まで古くなったら、このミトコンドリア・イブ仮説に矛盾するのではないかという話もある。でも、そんな心配は無用である。まったく矛盾しないのだ。というか、ホモ・サピエンスの起源とミトコンドリア・イブのあいだには、もともと何の関係もないのである。

ヒトの細胞の中で、DNAがある場所は2つである。核とミトコンドリアだ。だが、ミトコンドリアにあるDNAは、核にあるDNAに比べれば、ほんのわずかだ。ミトコンドリアDNAは核ゲノムの約20万分の1にすぎない。

だが、ミトコンドリアDNAには、変わった特徴がある。それは、母系遺伝をすることだ。核DNAは父親と母親から半分ずつ子供に伝わる。しかしミトコンドリアDNAは、父親からは子供に伝わらず、母親からだけ子供に伝わるのだ。こういう遺伝の仕方を母系

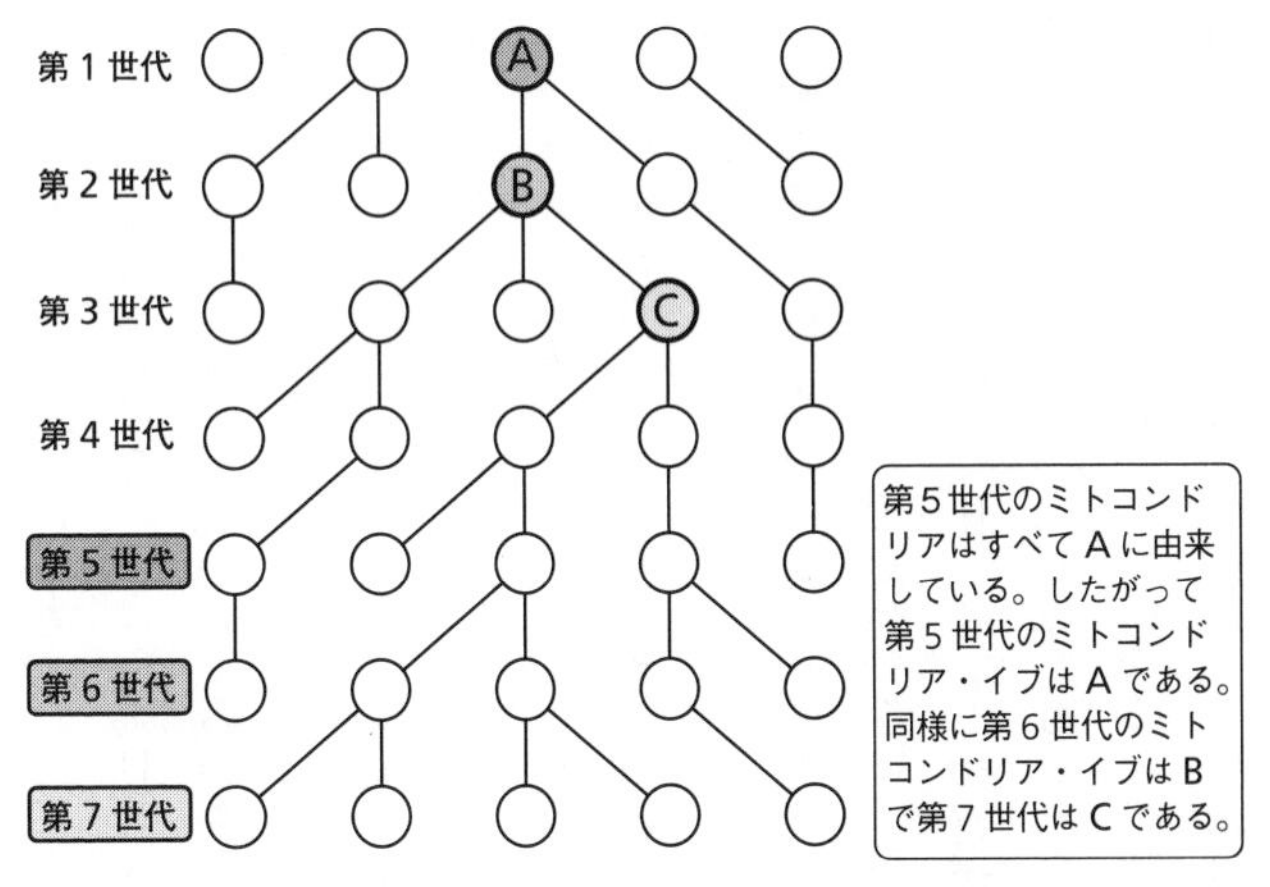

図14　ミトコンドリア・イブの考え方。○は個体を、線は母子関係（ミトコンドリアが伝わる経路）を示す

遺伝という。

あなたのミトコンドリアDNAは、あなたの母親から伝わったものだ。そして、あなたの母親のミトコンドリアDNAは、母親の母親、つまりあなたの母方の祖母から伝わったものだ。したがって、あなたのミトコンドリアDNAは、あなたの母方の祖母のミトコンドリアDNAと同じになる。

あなたには、父方と母方を合わせて2人の祖父と2人の祖母がいるはずだ。あなたは、どの祖父母からも、核DNAを4分の1ずつ受け継いでいる。だから、どの祖父母も等しくあなたの先祖である。でも、あなたのミトコンドリアDNAは、母方の祖母からだけ受け継いでいる。だから、ミトコンドリアDNAだけを考えれば、あなたの母方の祖母だけが先祖で、他の3人の祖父母は先祖ではないのだ。とはいえDNAの量で考えれば、ミトコンドリアDNAは核DNAに比べて、無視してもいいぐらい少ない。したがって通常は核DNAだけを考えればよくて、4人の祖父母は等しくあなたの先祖ということになる。

あなたには親が2人いる。祖父母が4人いる。曾祖父母が8人いる。昔に戻れば戻るほど、あなたの先祖は増えていく。もしも20万年前まで戻れば、あなたの先祖は、ずいぶんたくさんになるだろう。でも、それは核DNAで考えた場合であって、ミトコンドリアDNAで考えれば、あなたの先祖は1人だけだ。そしてその人は、アフリカに住んでいたのである。

でもそれは、当時の私たちの先祖（核DNAで考えた普通の意味での先祖）がみんなアフリカに住んでいたことを意味しない。他の先祖は世界中に住んでいたかもしれない。そのころの人類は世界中に住んでいたのだが、たまたまミトコンドリアの祖先にあたる1人が、アフリカに住んでいただけかもしれないのだ。

つまり、こういうことになる。当時のヒトが全員アフリカに住んでいれば、ミトコンドリア・イブもアフリカに住んでいたはずだ。しかし、ミトコンドリア・イブがアフリカに住んでいたからといって、当時のヒトが全員アフリカに住んでいたとは限らないのだ。アフリカ以外の場所にヒトが住んでいたか住んでいなかったかについて、ミトコンドリア・イブは何も教えてはくれない。教えてくれるのはただ1つだけ、当時のヒトは少なくともアフリカには住んでいた、ということだけだ。

現在の多くの科学者は「約20万年前には、ヒトはアフリカにだけ住んでいた」と考えているし、それは正しいだろう。この仮説は、化石から推測されたものであって、ミトコンドリア・イブから推測されたわけではない。もしも、約20万年前のミトコンドリア・イブがアフリカ以外の場所に住んでいたら、この仮説は否定されただろう。でも、ミトコンドリア・イブはアフリカに住んでいた。だから、この仮説は否定されなかった。いや、むしろ確かな仮説になったのである。

ミトコンドリア・イブはいつの時代にもいる

先に述べた考え方で、ヒトとネアンデルタール人の共通のミトコンドリア・イブを考えることもできる。彼女は約50万年前に生きていたと推定されている。とすると、ミトコンドリア・イブには、もう1つ別の面がある。仮に、地球上に女性が100人いたとしよう。

その場合、ミトコンドリアDNAは100種類あることになる。そして、それぞれの女性が結婚して子供を産んでいく。そしてその子供もまた結婚して、孫を産んでいく。ミトコンドリアDNAは100個の系統になって、代々、子孫に受け継がれていくことになる。

しかし、子供を産むか産まないかは個人の自由なので、中には子供を産まない女性もいるだろう。あるいは、子供は産んだのだが、全員男の子だったという女性もいるだろう。こういう場合は、ミトコンドリアは子孫に受け継がれない。その代で終わりである。そして長い時間が経てば、最初は100個あった系統も、だんだん減っていくはずである。なにしろミトコンドリアの系統は、減ることはあっても増えることはないのだから。そして、たとえば1000年後に、ついに系統が1つになったとしよう。生き残ったミトコンドリアは100人いた女性のうちの1人が持っていたミトコンドリアである。したがって、この1人の女性が、1000年後のすべてのヒトにとっての、ミトコンドリア・イブになるわけだ。

では、1000年後のミトコンドリアDNAはすべて同じなのだろうか。いや、そうではないのだ。1000年の間にも突然変異は起き続けているので、1000年後のミトコンドリアDNAも、それぞれ少しずつ異なっているのである（実際のミトコンドリアDNA

は、10万年の間に、1000個の塩基対のうち約3個が突然変異を起こす。だから本当は1000年では短すぎるが、そこは無視しよう)。つまり、今も1000年前も、同じような状況なのだ。現在生きている女性のうちの1人が、未来のヒトのミトコンドリア・イブになるのである。

つまり、いつの時代にも、必ずミトコンドリア・イブが1人いるのだ。たまたま、現在のすべてのヒトのミトコンドリア・イブは、約20万年前のアフリカにいた。それだけのことだ。そして、今生きている何十億人の女性の中の1人が、未来のミトコンドリア・イブになる。25年ぐらい前には、彼女の母親がミトコンドリア・イブだった。50年ぐらい前には彼女の母方の祖母がミトコンドリア・イブだった。そして、この先、彼女の娘の1人がミトコンドリア・イブになる。でも、現在のミトコンドリア・イブが誰なのかは、何十万年も経たないとわからないのである。

第12章　認知能力に差はあったのか

形が変われば機能も変わる

ホモ属の時代になると、大きな脳を持つ人類が何種も現れた。そして脳の大型化は、ネアンデルタール人で最高潮に達する。平均で約1550ccの脳は、人類史上最大である。ちなみに私が普段いる部屋の下の階にはネアンデルタール人の頭骨が展示されているが、その脳容量は約1740ccもある。一方、ヒトの脳は、1350ccぐらいが平均と言われている。私たちは2番目に脳が大きい人類ということになる。

私たちヒトの脳は、大脳と間脳と脳幹と小脳に分けられる。そして大脳は、外側の大脳皮質と内側の大脳基底核に分けられる。大脳皮質はさまざまな精神活動を行い、特に認知能力に関係すると考えられている。

認知能力というのは、「周囲の情報を取り入れて、処理したり蓄積したりして、何らかの反応をするために利用する」ことをいう。学習、記憶、推論、意思決定など、いろいろな精神活動が含まれるので、少しわかりにくい。まあ、だいたい「知能」とか、「頭がいい」というときの「頭」に当たるものと考えてよいだろう。

この認知能力に関係する大脳皮質は、4つの部分に分けられる。前頭葉と頭頂葉と側頭葉と後頭葉だ。それぞれの部分で働きが異なり、またそれぞれの部分の中でも機能が細分化されている。したがって、脳の形が変われば、その機能も変化する可能性がある。

実際、ネアンデルタール人の脳は、私たちの脳より大きいだけでなく、形も異なっていた。ネアンデルタール人の脳は、前後に長いが、高さはなく、横に膨らんでいて、後ろに突き出していた。それに比べてヒトの脳は、球形に近くて、高さがあり、前の方が大きい。かなり形が違うのである。これまでの人類の脳の形に似ているのはネアンデルタール人の脳で、ヒトの脳はいわば人類の脳の伝統から外れた形をしている。

したがって、脳の大きさや形から受ける第一印象を言えば、ネアンデルタール人の脳は、以前の人類と同じタイプだが、その性能が優れている。一方、ヒトの脳は、全体の性能は少し劣るけれど、タイプが新しくなっている、といったところだろうか。とはいえ、これは脳の形をもとにした印象にすぎないので、他のデータを検討してみることにしよう。

ネアンデルタール人の文化

アウストラロピテクス・アファレンシスあるいはその近縁種が330万年前ごろに使った可能性のある石器や、約260万年前からホモ属によって長く使われてきたオルドワン石器は、おそらく石を1回打ちつけるだけで完成したと思われる。それに比べると、ネアンデルタール人が作ったルヴァロワ式石器は、かなり複雑である。原石を少しずつ打ち欠いて、ほぼ決まった形の剝片を分離させるのだ。決まった場所に正確に石を打ちつけることが必要だし、力の加減もコントロールしなくてはならない。こういう手先の器用さについては、私たちヒトとネアンデルタール人は、それほど違わないように思える。いや、むしろネアンデルタール人の方が優れていたのではないかという研究者もいるぐらいだ。

このルヴァロワ式石器の製作は、約30万年前ごろから約4万年前まで続いた。その間、時代や地域による違いは多少あったものの、基本的な石器製作技術に変更はなかった。ルヴァロワ式石器などを特徴とするネアンデルタール人の文化をムステリアンというが、この文化はネアンデルタール人が約4万年前に絶滅するまで続いたのである。ネアンデルタール人の文化は保守的で、長期間にわたってほとんど変化しなかったようだ。

ムステリアンの他にも、ネアンデルタール人が担い手であった可能性がある文化がいくつかある。たとえばシャテルペロニアンと呼ばれる文化だ。シャテルペロニアンは石刃を使った石器文化で、骨や歯を使った工芸品も作られた。シャテルペロニアンの遺跡からネアンデルタール人の骨が出土することがあるので、シャテルペロニアンの担い手はネアンデルタール人だったと考えられていたのである。

シャテルペロニアンの遺跡の年代は、約4万4000年前から約4万年前である。ヒトがヨーロッパに移住してきたのは約4万7000年前、ネアンデルタール人が絶滅したのが約4万年前なので、約4万4000年前~約4万年前といえば、ネアンデルタール人の遺跡がどんどん減っている時期にあたる。もしもシャテルペロニアンの遺跡がすべてネアンデルタール人のものだとした場合、フランス南西部からスペイン北部の地域では、一時的にネアンデルタール人の人口が増加したことになる。これは不自然だ。シャテルペロニアンの遺跡のなかには、ヒトが住んでいた遺跡もあることは確実だろう。

さらに、シャテルペロニアンの遺跡から出土したネアンデルタール人の骨は、他の地層からの混入ではないかという意見もある。しかし、これは複数の研究によって反論されている。少なくともシャテルペロニアンの一部の遺跡からは、混入ではないネアンデルタール人の骨が出土するようである。したがって、シャテルペロニアンの形成にはヒトの影響が大きかったにしても、その担い手の一部はやはりネアンデルタール人だったのではないだろうか。

シャテルペロニアンの担い手の少なくとも一部がネアンデルタール人であったとすれば、彼らは石刃を製作した可能性が高い。これはヒトが作った石刃を真似て作ったのだという意見がある。すでにヒトはヨーロッパに移住していたので、ヒトと出会ったり、ヒトが作った石刃を見たりする機会は、確かにあっただろう。もしそうだとすれば、自分で考え出したのではないにしても、真似して作る能力はあったということだ。

ルーシーの名前のもとになった曲を作った、ビートルズのジョン・レノンは、多くの人の心を揺さぶる曲を作った。でも、ギターがそれほど上手かったわけではない。ジョン・レノンよりもギターが上手い人などいくらでもいる。でも、どんなにギターが上手くても、ジョン・レノンのような素晴らしい曲を作れる人はいなかったのだ。

ヒトとネアンデルタール人の関係も、そんな感じかもしれない。ひょっとしたらネアンデルタール人は、ヒトと同じくらい、いやもしかしたらヒトよりも、石器を作るのが上手かったかもしれない。でも、新しい石器を考え出すのは、きっとヒトの方が得意だったのだろう。

象徴化行動の証拠

私たちは、「目の前にある肉」を見て食べたいと思うだけでなく、「食料」という抽象的な概念を頭の中で考えることもできる。私たちは具体的なものだけでなく、抽象的なことも考えられるのだ。そして抽象的なことを考えられるのは、優れた認知能力を持つ印でもある。しかし、ある化石人類が抽象的なことを考えていたかどうかは、どうすればわかるのだろうか。

たとえば「平和」を考えてみよう。まず「平和」の象徴は「ハト」だとする。「平和」というのは抽象的な概念で、色や形はない。あなたが「平和」という抽象的なことを考えているかどうかは、外から見てもわからない。しかし、あなたが「平和」の象徴として「ハト」の絵を書いたら、あなたが抽象的なことを考えていたことが、外から見てもわかる。「平和」という抽象的な概念が、「ハト」という具体的な形を手に入れたからだ。このように、抽象的な概念が具体的な形になることを象徴化という。

ヒトが住んでいた約7万6000年前の南アフリカのブロンボス洞窟から、土を固め

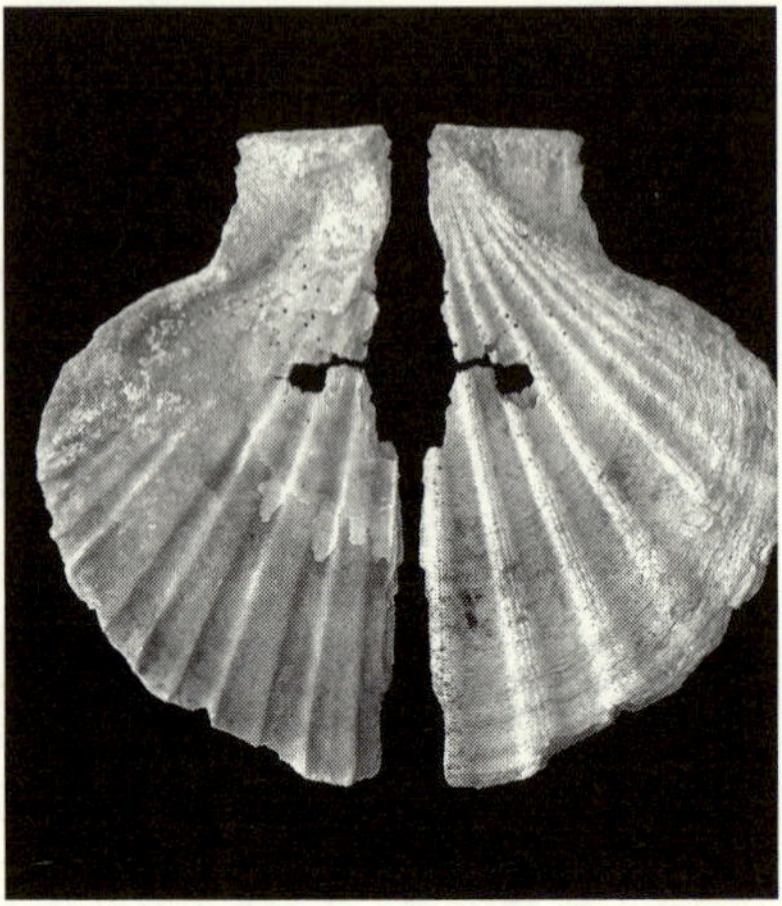

図15　ネアンデルタール人の遺跡で見つかった貝殻。穴が開けられ、顔料が塗られていた　Zilhão, João., et al., Symbolic use of marine shells and mineral pigments by Iberian Neandertals. *PNAS*, January 19, 2010 vol. 107 no. 3.

た塊（かたまり）が見つかった。その表面には、網目状の模様がついていた。模様があるからといって、獲物が捕まえられるわけではない。模様があっても、何の役にも立たない。でも、役に立たないことが重要なのだ。具体的な利益に（少なくとも直接は）結びつかない行動は、象徴化行動である可能性が高いからである。

また同じブロンボス洞窟から、穴の開いた貝殻がたくさん見つかった。おそらく紐でつないで、ネックレスのように身に着けていたと思われる。これらはヒトが象徴化行動を始めた確実な証拠とされている。

もっとも、さらに古いヒトの象徴化行動の証拠も報告されている。たとえばイスラエルのスフール洞窟からは、約10万年前の穴の開いた貝殻が2枚発見されている。しかし、この穴は、貝殻の一番薄いところに開いていた。この場合は、ヒトが貝殻に穴を開けたのか、自然に穴が開いたのかは、微妙である。また、顔料は約28万年前という非常に古い時代から使われていたようだが、初期のころの顔料は象徴化行動の証拠としてよいのかどうかわからない。耐久性を与える上塗りなど、実用的な目的で使った可能性が否定できないからだ。

一方、ネアンデルタール人にも、象徴化行動の証拠はある。たとえばフランスのラ・フェラシー洞窟からは、約7万年前のネアンデルタール人の埋葬に伴って、線が刻まれた骨が見つかっている。この時代には、まだヒトはヨーロッパに到達していないので、ネアンデルタール人の象徴化行動の、数少ない確実な証拠とされている。

ヒトがヨーロッパに到達したあとになると、ネアンデルタール人の象徴化行動として、洞窟の壁に刻まれた線や、穴の開いた貝殻や、顔料で色のつけられた貝殻などが報告されている。これらについては、ホモ・サピエンスがしたのではないかとか、自然に穴が開いたのではないかとか、懐疑的な意見もある。しかし、これらの報告が正しく、すべてネアンデルタール人がしたものであったとしても、ヒトに比べると象徴化行動はかなり少なかったようである。

食人と埋葬

人類が人類を食べるという行為に、私たちは心を乱される。しかし、同種の個体を食べるという行為は、動物にとってそれほど珍しいことではない。前に、ホモ・アンテセソールが食人を行っていたことを述べたが、食料事情が悪かった昔の人類は食人をすることもあった。そして、そういう人類には、ネアンデルタール人も私たちホモ・サピエンスも含まれる。

スペインのエル・シドロン洞窟から、約5万年前のネアンデルタール人の人骨が発見された。成人から乳児までの12体だ。骨には、たたき割られた跡があり、石器で肉をはぎ取った傷も残っていた。おそらく彼らは食人の犠牲者で、骨がたたき割られていたのは、脳や骨髄が目当てだったのだろう。

ミトコンドリアDNAの解析から、犠牲者となった集団は（12人と少し多めだけれど）家族だったと考えられる。しかも、女性のミトコンドリアDNAは異なる系統に属していたことから、他の集団から嫁いできた可能性が高い。平穏に暮らしていた家族が、ある日、腹を空かせた略奪者の集団に襲われ、殺されて食べられたのだろうか。犠牲となった12人すべての歯に、エナメル質形成不全という障害が見られたので、彼らは飢餓状態であった可能性が高い。おそらく略奪者の方も腹を空かせていたのだろう。

ネアンデルタール人が食人をしていた証拠は、フランスやクロアチアの遺跡からも報告されているので、それほど珍しいことではなかったのかもしれない。飢えに苦しむことの多かった昔の人類は（ホモ・サピエンスも含め）、近くの集団を襲って食料にしたこともあったのだろう。人類は基本的には平和な生物だが、何があっても微笑みを絶やさない仏様というわけではなかったようだ。

しかし一方で、ネアンデルタール人の優しい心が垣間見える証拠もある。ネアンデルタール人の場合、壊れたりしていない保存状態のよい骨が、しばしば見つかる。その理由は、おそらくネアンデルタール人が死者を埋葬したからだ。人骨とともに花粉が見つかったことがあるので、死者に花をたむけたという意見もある。しかし、たまたま近くに花が咲いていれば、花粉が落ちることもあるだろう。人骨とともにいつも花粉が見つかるのならともかく、そういうわけではないので、花をたむけた可能性は低そうだ。多分、死者をただ埋めただけなのだろう。死後の世界を考えたり、その象徴として花などを飾ったりすることはなかったにしても、他人に対する共感のような感情は芽生えていたと思われる。

また、大怪我をしたにもかかわらず、それが治っている骨がいくつも発見されている。大怪我をして1人では生活することができなくなっても、仲間が助けてくれたのだろう。ただし、脚の骨を骨折した場合は、治った形跡がない。歩けなくなって住みかまで戻れなくなった場合は、置き去りにされてしまったのかもしれない。

ネアンデルタール人は話せたのか

もっとも気になるのは、ネアンデルタール人が言葉を話せたかどうかだろう。私たちヒトでは、*FOXP2*という遺伝子が、言語能力に関係していることが知られている。*FOXP2*遺伝子に障害があると、大脳皮質の前頭葉にあるブローカ野という領域の活動が低くなり、会話や文法の理解に障害が出てしまうのだ。そこで、ネアンデルタール人の化石からDNAを抽出して*FOXP2*遺伝子を調べたところ、ネアンデルタール人はヒトと同じタイプの*FOXP2*遺伝子を持っていたことがわかった。ヒトとチンパンジーで異なる*FOXP2*の2ヶ所の変異について、ネアンデルタール人は両方ともヒトと同じだったのである。

さらに、喉（のど）のところに舌骨というU字型をした骨があり、その骨の形もヒトとネアンデルタール人ではそっくりだった。したがってネアンデルタール人は、かなり自由に声を出せた可能性がある。これらのことから、ネアンデルタール人は、ほぼ完全な言語を話せたのではないかと考えられたこともあった。しかし、本当にそうだろうか。

約160万年前のホモ・エレクトゥスの少年だった、トゥルカナ・ボーイの頭蓋骨は保存がよく、頭蓋骨の内側の形から、大脳皮質の形がわかる。そこで、トゥルカナ・ボーイの大脳皮質の形を調べてみると、はっきりと前頭葉にブローカ野の外形が確認できた。これはブローカ野がある程度発達していたことを示している。ヒトの場合、ブローカ野を負傷した多くの患者は、話を聞いて理解することはできるが、言葉を発することができなくなる。ブローカ野が言語能力に関係していることは確実だ。このブローカ野がトゥルカナ・ボーイで発達しているということから、ホモ・エレクトゥスは言葉を話すことができたのではないかと推測された。

しかし、体の別のところの構造は、ホモ・エレクトゥスは言葉が話せなかったことを示していた。脊椎という骨には穴が開いていて、脊髄という神経が通っている。この穴の大きさは、ほとんどの霊長類でほぼ同じだが、ヒトとネアンデルタール人では胸のところで太くなっている。つまり、胸のところで神経が増加しているのだ。これは声を出すときに、胸部の筋肉や呼吸をコントロールするためだと考えられている。しかし、ホモ・エレクトゥスの脊椎の穴は、霊長類としては平均的なものだった。したがって、やはり言葉は話せなかったと考えられる。

ブローカ野は、言葉とは関係のない機能（記憶など）にも関わっている。おそらくブローカ野は、まずは言葉とは関係ない理由で発達し、あとから言葉に関わるようになったのだろう。

ちなみに、ホモ・エレクトゥスよりあとの時代に現れたホモ・ハイデルベルゲンシスでは、ブローカ野の存在はわからないが、舌骨がヒトに似ていることが知られている。

ホモ・エレクトゥスでは脳の形から、ブローカ野が識別できるようになった。ホモ・ハイデルベルゲンシスでは舌骨が、声を出せる形になった。ネアンデルタール人では脊椎骨の穴が広がり、*FOXP2*遺伝子も言語に適したタイプになった。言葉はいきなり現れたのではなく、段階的に少しずつ発展してきたのだろう。

したがって、ネアンデルタール人がまったく話せなかったとは考えにくい。石器と枝を組み合わせて槍を作ったり、仲間と協力して狩りをしたりするためには、ある程度は言葉を話せることが必要だ。これはホモ・ハイデルベルゲンシスにも言えることだが、舌骨の形から、かなり自由に声は出せたと考えられる。

しかし、どの程度の文法を使った言葉を話していたのかは、わからない。おそらく目の前で起きている現在のことについては話せただろうが、過去のことについてはどうだったのだろうか。仮定法を使って、現実には起きていないことまで話せたのだろうか。さらに、言語は象徴化行動の最たるものである。ヒトとネアンデルタール人のあいだで象徴化行動に大きな差があったとすれば、言葉についても同様に、大きな差があったと考えるのが自然である。抽象的なこと、たとえば「平和」を、言葉を使わずに考えることはかなり難しい。ネアンデルタール人の辞書には、「私」や「肉」はあっても、「平和」はなかったのではないだろうか。

第13章　ネアンデルタール人との別れ

2種の人類の共存期間

ホモ・ハイデルベルゲンシスの一部の集団が、およそ40万年前にアフリカを旅立った。アフリカの外に出た集団のさらに一部は、ヨーロッパに移住した。そして、ヨーロッパに移住した集団からはネアンデルタール人が進化し、アフリカに住み続けた集団からはホモ・サピエンスが進化した。それが、約30万年前～約25万年前のことである。この2種の人類は、それからしばらくは出会うこともなく、ヨーロッパとアフリカという別々の場所で暮らしていた。しかし、その後、ホモ・サピエンスの一部の集団がアフリカを出ることになり、その中にはヨーロッパへ向かう集団もあった。そして、数十万年の時を経て、2種の人類は再会することになる。およそ4万7000年前のことであった。

ネアンデルタール人は長いあいだヨーロッパに住んでいたけれど、その寒さにはずいぶん苦しめられたようだ。暖かい時代にはヨーロッパの北の方にも住んでいたが、寒い時代になると、南の地中海に近い地域にしか住んでいなかった。南へ移り住んだ系統もあっただろうが、北部に住み続けたネアンデルタール人は死に絶えたのかもしれない。遺跡数から推定すると、温かい時代にはネアンデルタール人の人口は増加したが、寒い時代になると減少しているからだ。

ホモ・サピエンスがヨーロッパに進出する直前の、約4万8000年前の寒冷化で、ネアンデルタール人は人口を減らしていた。そして約4万7000年前に急激な温暖化が起きると、ホモ・サピエンスがバルカン半島を北上しながら、ヨーロッパに進出してきた。この最初にヨーロッパに進出してきたホモ・サピエンスは、それほど多くはなかったらしい。この時期に、ネアンデルタール人の文化であるムステリアンの遺跡は減るものの、回復不能になるような減少ではなかったからだ。特に、西ヨーロッパに住んでいたネアンデルタール人には、ほとんど影響はなかったようである。

約4万5000年前になると、再びホモ・サピエンスがヨーロッパに進出してくるものの、このときも規模はそれほど大きくなかったようだ。しかし、約4万3000年前に、多くのホモ・サピエンスがヨーロッパに進出してくると、状況は一変する。ホモ・サピエンスは急速に分布を広げ、ネアンデルタール人が好んで住んでいた地中海沿岸地域を、ほぼ占拠してしまう。一方、ネアンデルタール人は減少し続けて、集団は分散・孤立し、約4万年前には絶滅してしまうのである。

かつては、ネアンデルタール人とホモ・サピエンスは、1万年以上にわたって共存していたと考えられていた。しかし、遺跡や化石の年代が修正されたため、両者の共存期間は約7000年とかなり短くなってしまった。約4万3000年前に大規模なヨーロッパ進出を果たしたホモ・サピエンスに限れば、ネアンデルタール人との共存期間は、わずか3000年だ。ネアンデルタール人とホモ・サピエンスは、しばらく共存していたというよりは、すみやかに交替したと言った方がよさそうである。

ホモ・サピエンスの方が頭がよかった?

ネアンデルタール人が絶滅した理由については、いろいろな説が提唱されてきた。たとえば、ネアンデルタール人はホモ・サピエンスによって殺されてしまったという説だ。

ホモ・サピエンスの顎の骨と、石器による傷がついたネアンデルタール人の子供の顎の骨が、フランスの同じ遺跡から発見されている。おそらくネアンデルタール人の子供は、殺されて食べられたのだろう。また、イラクのシャニダール遺跡で発見されたネアンデルタール人の肋骨には傷があり、それが致命傷になって死んだと考えられている。その傷跡を分析した結果、ホモ・サピエンスが使っていた投げ槍による傷であると結論された。

ときにはネアンデルタール人とホモ・サピエンスが争うこともあっただろう。しかし、これら以外に人類同士の争いの証拠がほとんど見つからないことから、争いの数は少なかったと考えられる。少なくとも集団同士の大規模な争いはなかったようだ。両者が出会っても争いにはならなかったのかもしれないが、それ以前に、ネアンデルタール人がホモ・サピエンスのいる場所を避けていたのではないだろうか。同じような獲物を狙うホモ・サピエンスの近くにいたら、ネアンデルタール人が捕れる獲物が減ってしまう。もしもホモ・サピエンスの方が狩りが上手かったら、なおさらだ。

別の説としては、ホモ・サピエンスの方が子沢山（こだくさん）だった、というものがある。すでに述べたように、他の条件がまったく同じなら、たとえほんのわずかでも出生率の高い種が生き残り、低い種は絶滅するからだ。

もっとも人気がある説は、ホモ・サピエンスの方がネアンデルタール人より頭がよかったから厳しい環境でも生き残ることができた、というものである。たとえば、頭がよかったから、狩猟の技術などもホモ・サピエンスの方が優れていたというわけだ。

ネアンデルタール人も狩猟の技術には優れていた。槍を使って狩りをしていたのだ。以前に述べたように、最初に石器を木の柄と組み合わせて、槍を作ったのはホモ・ハイデルベルゲンシスかもしれないが、日常的に槍を使うようになったのは、ネアンデルタール人が初めてだろう。

野生のロバなどの大きな動物を狩るときは、槍がとても役に立つ。しかし槍を使うには、獲物に近寄らなくてはならない。突き槍として使う場合はもちろんだが、投げ槍として使う場合でも、10メートルぐらいまでは近づかなくては、獲物に刺さらない。実際、ネアンデルタール人の化石には、大怪我をしているものがかなりある。ネアンデルタール人の狩猟は、危険なものだったのだ。

一方、ホモ・サピエンスは、槍を遠くまで飛ばすことができる投槍器を使い始めた。投槍器自体は古くても約2万3000年前のものしか出土していないが、これは投槍器が骨などでできているため、石器よりも残りにくいからだと考えられる。そこで、槍の先についていた石器から、投槍器が使われていたかどうかを推定する研究が行われた。遠くまで投げるためには槍の先端を小さくするなど、石器にも工夫がみられるからである。その結果、おそらく約8万年前~約7万年前のアフリカで投槍器が使われ始め、ヨーロッパに進出してきたホモ・サピエンスは、初めから投槍器を使っていた可能性が高いことがわかった。

投槍器を使えば、突き槍や投げ槍では狩れない、鳥などの動物も狩ることができる。したがって、ホモ・サピエンスは食料を手に入れることに関して、ネアンデルタール人よりもかなり有利になっただろう。

ただし、ネアンデルタール人も投槍器を使った可能性がある。シャテルペロニアンの槍は投槍器で投げられたと考えられているが、それを投げたのがネアンデルタール人かもしれないからだ。だが、前に述べたように、シャテルペロニアンという文化の担い手は、ホモ・サピエンスとネアンデルタール人の両者である可能性が高い。したがって、投槍器を使ったのは、やはりホモ・サピエンスであって、ネアンデルタール人ではない可能性もある。仮にネアンデルタール人の一部が投槍器を使っていたとしても、ほとんどのネアンデルタール人が投槍器を使っていなかったことは間違いない。両者の狩猟技術に、大きな差があったことは確かだと思われる。これは、食料を手に入れる効率に直結するので、ネアンデルタール人はかなり不利だったと考えられる。

創造性だけでは文化は広がらない

このような技術的な違いは石器でも見られる。これは、ホモ・サピエンスの創造性の高さを示していると考えられる。だが、創造性が高いだけでは、文化が広がることはできない。

学習は、人類以外の動物にもできる。ネズミもハトも、試行錯誤によって学習する。チンパンジーやカレドニアガラスは、試行錯誤をしなくても、複数の棒を使って食物を手に入れることができる。さらに、チンパンジーやカレドニアガラスは、木の枝を加工して道具を作ることもできる。つまり、チンパンジーやカレドニアガラスは、洞察によって学習する。そしてネアンデルタール人は、間違いなくチンパンジーやカレドニアガラスより、はるかに認知能力が高い。だから、ネアンデルタール人の中には、約4万年前のホモ・サピエンスが作っていた石器や投槍器ぐらいなら、作れた個体もいたのではないだろうか。まあ、ここは想像するしかないのだけれど、当時のホモ・サピエンスが使っていた道具が、ネアンデルタール人にとって手も足も出ないほど複雑だった、ということはないだろう。

しかし、文化が伝わっていくには、それを受け入れる能力も必要だ。誰かが素晴らしい発明をしても、別の人がその素晴らしさを理解できなければ、発明は広がらない。別の人が「いいなあ」と思わなければ、発明は伝わらない。そういう社会的な基盤が、ネアンデルタール人では弱かったのかもしれない。

これは象徴化行動についても言えることだろう。貝殻に穴を開けたネックレスをするのは、きっと別の人に見せるためだ。異性を引きつけるためかもしれない。もしも貝殻のネックレスを見せても、相手がなんとも思わなかったら、ネックレスをする意味がない。手先はかなり器用だったにもかかわらず、ネアンデルタール人に象徴化行動の証拠がほとんどないのは、やはり社会的な基盤が弱かったということだろう。そしてそれは、ネアンデルタール人が簡単な言語しか持っていなかったことを反映している可能性がある。

燃費が悪いネアンデルタール人

以前のアメリカでは、大きな自動車がよく売れたらしい。しかし最近では、小さな車の方が、人気が高いと聞く。それは燃費がいいから。

大きな自動車の方が、安全だし、疲れないし、スピードだって出る。でも、大きな自動車は燃費が悪くて、たくさんガソリンを使ってしまう。もしもガソリンが少ししかなかったら、小さな車の方が長い距離を走れるので、便利かもしれない。もしかしたら、ネアンデルタール人が絶滅したことには、この燃費の悪さが関わっていたのではないだろうか。

ネアンデルタール人は私たちよりも骨格が頑丈で、がっしりした体格だった。その大きな体を維持するには、たくさんのエネルギーが必要だったはずである。ある研究では、ネアンデルタール人の基礎代謝量は、ホモ・サピエンスの1・2倍と見積もられている。基礎代謝量というのは、生きていくために最低限必要なエネルギー量のことで、だいたい寝ているときのエネルギーと考えればよい。つまりネアンデルタール人は、何もしないでゴロゴロしているだけで、ホモ・サピエンスの1・2倍の食料が必要なのだ。もしも狩猟の効率が両者で同じだとしたら、ネアンデルタール人はホモ・サピエンスより、1・2倍も長く狩りをしなくてはならない。

会社で営業の仕事をしていると考えよう。あなたが他の人と同じ成績をあげるためには、毎日1~2時間も長く歩き回らなければならない。これはかなりの負担になるはずだ。

しかも、1・2倍というのは基礎代謝量の場合だ。体を動かさなくても、これだけの差があるのだ。もしも歩いたり走ったりすれば、この差はますます大きくなる。ネアンデルタール人の方が体重が重いのだから、動き回るのに多くのエネルギーが必要なのだ。ある見積もりでは、ネアンデルタール人が動くのに使うエネルギーは、ホモ・サピエンスの1・5倍になるという。これは、会社の仕事にたとえれば、同じ成果をあげるのに、同僚より毎日4時間ぐらい長く働かなくてはならないということだ。これでは、とてもやっていけない。あなたが同僚に、営業成績で負けるのは決まったようなものだ。

実際には、ネアンデルタール人が重い体を移動させながら、ホモ・サピエンスよりも何時間も長く狩りをしたとは思えない。もしも同じ時間だけ狩りをしたとすれば、ネアンデルタール人が移動する範囲は、ホモ・サピエンスよりも狭かったに違いない。範囲が狭ければ、捕れる獲物も少なくなるだろう。一方、ホモ・サピエンスは細くて華奢な体をしているおかげで、軽々と広い範囲を動き回れる。そして、たくさんの獲物を捕まえるのだ。

昔は、よかったのかもしれない。狩猟技術が未熟なころは、力の強いネアンデルタール人の方が、獲物を仕留めることが多かったのかもしれない。行動範囲の狭さを、力の強さで補って、ホモ・サピエンスと互角の成績をあげていたかもしれないのだ。

しかし、槍などの武器が発達して、力の強弱があまり狩猟の成績に影響しなくなってくると、状況は変わった。力は弱くても、長く歩けるホモ・サピエンスの方が、有利になったのだ。その上、もしも狩猟技術自体もホモ・サピエンスの方が優れていたとしたら、両者の差は広がるばかりだ。力は強くても、長く歩けず、狩猟技術の劣るネアンデルタール人は、いつもお腹を空かせていたのではないだろうか。

8勝7敗でいい

ネアンデルタール人は寒いヨーロッパに何十万年も住んでいたので、寒い土地に適応していたと、よく言われる。しかし人類の体形が少しぐらい太くなっても、腕や脚が短くなっても、寒い土地で暮らすにはまったく不十分であることは前に述べた。ネアンデルタール人が寒いヨーロッパで暮らしていけたのは、衣服や火などの文化のおかげだ。動物の皮を加工した証拠があるので、おそらく毛皮も着ていたと思われる。それでも、ヨーロッパが寒冷な時代には、南の方にしか住むことができなかったようである。

それに比べて不思議なのが、ホモ・サピエンスである。ホモ・サピエンスがヨーロッパに進出したのは約4万7000年前だ。アフリカからやってきたので、寒い土地には適応していないはずである。それなのに、ネアンデルタール人よりも寒さが平気なのだ。ホモ・サピエンスは骨で針を作っていたので、それで毛皮を加工して、きちんと寒さをしのげるような服を着ていたのかもしれない。たとえ体は細くても、ネアンデルタール人よりも立派な毛皮の服を着ていれば、ネアンデルタール人よりも寒いところで生きていくことができたはずだ。

それに加えて、ホモ・サピエンスは何でも食べたようだ。残された骨の酸素や窒素の同位体比を測ると、その骨の持ち主が生きていたときに、どんなものを食べていたのかを推測することができる。コアラのように、ユーカリなど限られた植物しか食べなければ、ユーカリなどが生えているところでしか生きていけない。一方、ホモ・サピエンスのように何でも食べられれば、いろいろな環境で生きていける。寒冷で食物が少ない環境でも、ホモ・サピエンスなら大丈夫だろう。

ホモ・サピエンスは、ネアンデルタール人のように気候によって生息地を変えることもほとんどなく、着実にヨーロッパに進出してくる。特に約4万3000年前〜約4万年前の約3000年間には、ホモ・サピエンスの遺跡が急速に増えていく反面、ネアンデルタール人の遺跡が急速に消滅していく。この両遺跡の増加と消滅のタイミングが合っていることから、ネアンデルタール人の絶滅にホモ・サピエンスが関係している可能性は高いと言える。おそらくネアンデルタール人は、寒冷な環境とホモ・サピエンスの進出という2つのできごとが主な原因となって絶滅したのだろう。

約4万8000年前の寒冷化で、ネアンデルタール人は人口を減少させた。これまでなら、ネアンデルタール人はその約1000年後の温暖化で人口を回復させていただろう。しかし、約4万7000年前は、ホモ・サピエンスがヨーロッパに進出した年代である。

これまでネアンデルタール人が住んでいた土地に、厚かましくホモ・サピエンスが入り込んでくる。そして獲物をどんどん捕ってしまう。直接の争いになることは少なかったようだが、ネアンデルタール人がこれまでと同じように狩りをしていては、獲物が減るばかりだ。何しろ、ホモ・サピエンスの方が行動範囲も広いし、狩りも上手いのだ。仕方がないので、ホモ・サピエンスのいない土地へとネアンデルタール人は引っ越していく。

そうこうしているうちに、多くの土地はホモ・サピエンスに奪われてしまう。ネアンデルタール人が隣りの集団のところへ行こうとしても、そのあいだにはホモ・サピエンスが住んでいる。もう昔のように、隣りの集団と交流することもできなくなってしまった。ネアンデルタール人の集団は、だんだんと分散し、孤立していく。

孤立すると、技術は進歩しなくなる。鎖国をしていた江戸時代の日本のように、世界のどこかで起きた発明を、教えてもらえなくなるからだ。情報のネットワークから、置いてきぼりになるからだ。

そうして人口が減っていき、孤立した集団がところどころに残るだけとなったネアンデルタール人は、今でいうところの絶滅危惧種になった。しかし、当時のホモ・サピエンスは、ネアンデルタール人を保護などしなかった。数少ないネアンデルタール人の生息地にズカズカと入り込み、獲物を捕ってしまう。ヒョロヒョロとした細いホモ・サピエンスは、投槍器を使って遠くから槍を投げるという、ズルイ手を使うのだ。もしも素手でケンカをすれば、ネアンデルタール人が勝つだろう。でも、そんなことになる前に、身軽なホモ・サピエンスはさっさと逃げてしまう。ネアンデルタール人はどうすることもできずに、追い出されるしかなかった。そうして、ネアンデルタール人の生息地が、また減っていった。そんなことが繰り返されて、とうとう地球上からネアンデルタール人はいなくなってしまった。

おそらくネアンデルタール人は、寒さとホモ・サピエンスのために絶滅した。ホモ・サピエンスの、動き回るのが得意な細い体と、寒さに対する優れた工夫と、優れた狩猟技術は、ネアンデルタール人にないものだった。

ただ、忘れてはならないことは、いつも私たちがネアンデルタール人を圧倒していたとは限らないことだ。大相撲は（十両より上なら）1場所が15日ある。でも番付を上げるためには、15戦全勝をする必要はない。8勝7敗で十分だ。8勝7敗を続けていけば、番付はどんどん上がっていくだろう。ヨーロッパの話ではないが、中東のレバントが寒冷化したとき、姿を消したのはネアンデルタール人ではなく、ホモ・サピエンスだった。ホモ・サピエンスの方が分布を狭めることもあったのだ。

脳は大きければよいのか

それにしても、ネアンデルタール人の脳は大きかった。これだけ脳が大きければ、ずいぶんエネルギーを使うはずなので、かなり余分に食料を食べなければならなかったはずだ。大きな脳は、大きな負担になるのである。それにもかかわらず、脳がこんなに大きかったということは、この大きな脳からよほど大きな利益を得ていたということだ。それはいったい何だろうか。

ネアンデルタール人が達成した技術としては、組み合わせた道具がある。たとえば、木の柄の先に接着剤を使って石器を固定して、槍を作ったことだ。それと石器の進歩もある。とはいえ、それだけのために、脳がこんなに大きくなったとは思えない。こういう技術的な進歩だけでは、この巨大な脳を説明することはできないだろう。もっと脳の小さいホモ・ハイデルベルゲンシスのような人類だって、似たようなことはしていたのだから。

もしかしたら、ネアンデルタール人の巨大な脳が成し遂げた偉大な業績は、証拠に残らないものだった可能性もある。たとえば、記憶力が非常によいとか、そういうことだ。言語があれば、ものごとを整理して記憶することができるので、脳の容量は少なくてすむ。しかし、言語がないか未発達なときに、多くのものごとを記憶するのは大変だ。そのため、ネアンデルタール人は、脳の容量を大きくしなければならなかったのかもしれない。もちろん、この話はただの想像に過ぎない。だが、ネアンデルタール人の能力が、私たちの物差しでは測れない可能性があることは、覚えていてもよいだろう。将棋しか指さない人は、将棋の強さだけで人を判断するかもしれない。でも、将棋は強くないが、囲碁は強いという人もいるのである。

それにしても、昔の人類の脳は大きかった。いや、大き過ぎたのかもしれない。ネアンデルタール人の脳は約1550ccで、1万年ぐらい前までのホモ・サピエンスの脳は約1450ccだ。ちなみに現在のホモ・サピエンスは約1350ccである。時代とともに食料事情はよくなっているだろうから、私たちホモ・サピエンスの脳が小さくなった理由は、脳に与えられるエネルギーが少なくなったからではない。おそらく、こんなに大きな脳は、いらなくなったのだろう。

文字が発明されたおかげで、脳の外に情報を出すことができるようになり、脳の中に記憶しなければならない量が減ったのだろうか。数学のような論理が発展して、少ないステップで答えに辿り着けるようになり、脳の中の思考が節約できたのだろうか。それとも、昔の人類がしていた別のタイプの思考を、私たちは失ってしまい、そのぶん脳が小さくなったのだろうか。

ただ想像することしかできないが、今の私たちが考えていないことを、昔の人類は考えていたのかもしれない。たまたまそれが、生きることや子孫を増やすことに関係なかったので、進化の過程で、そういう思考は失われてしまったのかもしれない。それが何なのかはわからない。ネアンデルタール人は何を考えていたのだろう。その瞳に輝いていた知性は、きっと私たちとは違うタイプの知性だったのだろう。もしかしたら、話せば理解し合えたのかもしれない。でも、ネアンデルタール人と話す機会は、もう永遠に失われてしまったのである。

第14章　最近まで生きていた人類

フローレス島の小さな人類

　ネアンデルタール人の他にも、最近まで生きていた人類が何種か知られている。そのうちの1つが、ホモ・フロレシエンシスだ。

　ホモ・フロレシエンシスは、約5万年前までインドネシアのフローレス島に住んでいた（かつては1万数千年前に絶滅したと言われていたが、その年代は修正された）。身長が110センチメートルほどしかなく、脳も約400ccとチンパンジー並みに小さい。あまりに小さいので、当初は病気のホモ・サピエンスではないかと考えられたこともあった。小さな脳は小頭症のためで、小さな体は甲状腺機能障害などの結果ではないかと疑われたのだ。しかし、そうした障害をもつ現代人の患者は、ホモ・フロレシエンシスのような形態を示さない。さらに、ホモ・フロレシエンシスには、ホモ・サピエンスよりも古いタイプの特徴

（眼窩上隆起など）がある反面、ホモ・サピエンスの特徴（頤など）がないことから、病気の現代人説はほぼ否定されている。

フローレス島では、約100万年前から石器が出土するので、そのころから人類が住んでいたようだ。おそらくホモ・フロレシエンシスは、その子孫と考えられる。ホモ・フロレシエンシスは脳がチンパンジー並みに小さいにもかかわらず、高度に知的な活動をしていた。石器を作ったり、ゾウの肉を焼いて食べたりしていたようである。

それでは、小さなホモ・フロレシエンシスは、どのような進化の道を歩いて、こんなに小さくなったのだろうか。それには2つの説がある。1つは「昔からずっと小さかった」という説で、もう1つは「大きな人類が小さくなった」という説だ。まずは「昔からずっと小さかった」という説を見てみよう。

ホモ・フロレシエンシスは確かに小さい。でもそれは、ジャワ原人（ホモ・エレクトゥスの地域集団、約160万年前〜約10万年前）のような新しい人類と比べるから、そう感じるのだ。たとえばアウストラロピテクス・アファレンシス（約390万年前〜約290万年前）のような古い人類と比べれば、ホモ・フロレシエンシスは特に小さいわけではない。両者の身長や脳の大きさは、似たようなものである。

ジャワ原人は進化の結果、脳（約850〜1200cc）も体（約165センチメートル）も大きくなった。しかし、ホモ・フロレシエンシスは進化の結果、脳も体も大きくならなかった、というのである。

この説の難点は、人類がアフリカを出た時期を、通説より古く想定しなければならないことだ。現在知られている限りでは、アフリカの外に人類が住んでいた最古の証拠は、ジョージアのドマニシ遺跡だ。約180万年前のものである。このときアフリカを出た人類は、ホモ・エレクトゥスかその近縁種だ。しかし、ホモ・エレクトゥスは、すでに脳も体もかなり大きくなっている。彼らがインドネシアまで移動しても、そのままではホモ・フロレシエンシスになることはできない。この説が成り立つためには、脳も体も小さかった、もっと昔の人類がアフリカを出なくてはならないのだ。

もっと昔の人類として想定されているのは、アウストラロピテクスやホモ・ハビリスだ。しかし、アウストラロピテクスだと時代的にちょっと古すぎるので、ホモ・ハビリスぐらいがよさそうだ。ホモ・ハビリス（脳は約600ccで身長は約120センチメートル）でも、ホモ・フロレシエンシスよりは少し大きいけれど、違いはそれほどでもない（たとえば、ホモ・ハビリスの最小の脳は509cc）。ホモ・エレクトゥスよりも早い時期にホモ・ハビリスがアフリカを出て、長い旅路のあとにインドネシアに到着した。それがホモ・フロレシエンシスになったというのが、この説である。しかし、ホモ・エレクトゥスよりも前に、ホモ・ハビリスやその近縁種がアフリカを出た証拠は、今のところ発見されていない。それにもかかわらず、どうしてこのような説が提唱されているかというと、大柄だったジャワ原人が、脳も体もここまで小さくなってしまうことが、ちょっと考えにくいからであろう。

しかし実際には、考えにくいことが起こったようである。もう1つの「大きな人類が小さくなった」という説で、大きな人類として想定されているのはジャワ原人（ホモ・エレクトゥス）だ。ジャワ原人とホモ・フロレシエンシスが生きていた時代は重なるし、地理的にも近くに住んでいたからだ。ホモ・フロレシエンシスの歯の形態が、アウストラロピテクスやホモ・ハビリスよりもジャワ原人に似ていると確認されたことも、この説を支持している。

さらに決定的な証拠は、同じフローレス島から、さらに古い人類化石が発見されたことだ。それは約70万年前の歯や顎の化石で、ジャワ原人のものと似ていたが、ホモ・フロレシエンシスと共通の構造もあった。そして大きさは、ホモ・フロレシエンシス並みに小さかったのである。つまり、彼らの形態はジャワ原人とホモ・フロレシエンシスの中間的なものなので、ジャワ原人の子孫で、かつホモ・フロレシエンシスの祖先と考えられる。この発見によって、ホモ・フロレシエンシスは「昔からずっと小さかった」という説は否定され、「大きな人類が小さくなった」という説が確かなものになったと言ってよいだろう。

なぜ小さくなったのか

ではなぜ、ホモ・フロレシエンシスは小さくなったのだろうか。ジャワ島のすぐ東にはバリ島があり、さらにその東にはロンボク島がある。フローレス島はロンボク島よりもさらに東にある。これらの島は、現在でこそ海で隔てられているが、氷期に海面が低下したときには陸続きになるところもある。そういうときに、ジャワ島やバリ島は大陸と陸続きになったので、さまざまな動物が歩いてやってきた。ジャワ原人も、そうしてジャワ島に来たのだろう。

しかし、バリ島とロンボク島を隔てるロンボク海峡は、深さが1000メートル以上もあり、氷期に海面が低下しても陸続きになったことはない。このロンボク海峡という地理的障壁のため、海峡の両側に住んでいる生物種は大きく異なることが知られている。ここ

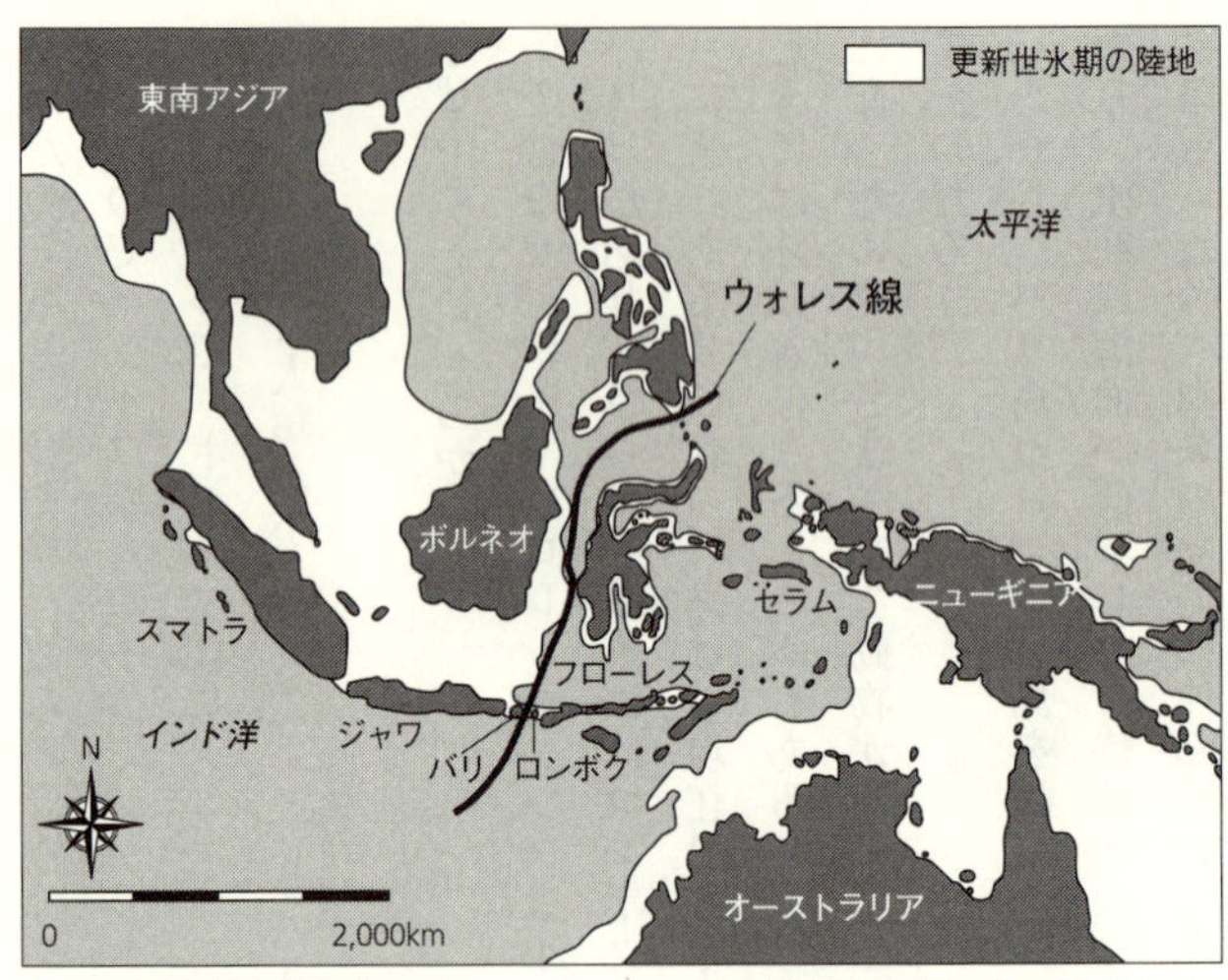

図16　冒険標本収集家アルフレッド・ウォレスの発見にちなんで名付けられた、ウォレス線の位置　『ホモ・フロレシエンシス（上）（下）』（NHKブックス、2008年）を改変

はウォレス線と呼ばれ、生物地理区の境界線にもなっている。フローレス島は、このウォレス線よりも東にあるので、大陸との間で動物の行き来はほとんどなく、孤立した環境だったと考えられる。

このような孤立した島では、しばしば大きな動物が小型化したり、小さな動物が大型化したりすることが知られており、このような現象を島嶼化と呼ぶ。島では食料が少ないので、大型動物の場合は大きな個体の方が不利になる。しかし小型動物の場合は、もともと食べる量が少ないので、大きな個体でもそれほど不利にならない。

　また、島に捕食者がいなければ、大型動物は無理をして体を大きくする必要がなくなる。大きな体は捕食者に対する防御となるけれど、たくさん食べなくてはいけないからだ。一方、小型動物の場合は、もし捕食者がいれば、大きな個体から食べられてしまう。大きな個体の方が見つかりやすいし、肉も多いからだ。しかし、捕食者がいなければ体を大きくできるし、その方が同種内での競争には有利になる。

　一応このように説明されるものの、島嶼化には例外も多く、必ず成り立つ法則というわけではない。しかし、島嶼化でうまく説明できる例も少なくない。たとえば、ゾウだ。ゾウが島嶼化によって小型化する例は、世界中でいくつも知られている。ゾウは体が大きいし、泳ぎが上手いので、小さな島に辿り着くことが多いのだろう。

　そしてフローレス島の動物も、みごとな島嶼化の例である。ネズミは大きくなり、ハゲコウという鳥も大きくなり、ゾウは小さくなり、人類も小さくなった。なんだかアミューズメント・パークみたいな、不思議な島だったようだ。

　およそ100万年前にウォレス線を越えたジャワ原人が、フローレス島に辿り着いた。どうやって海を渡ったのかはわからないが、おそらく流木かなにかに乗って、偶然に辿り着いたのだろう。そして、温暖で捕食者がいないフローレス島でのんびり暮らしていれば、脳や体が小さくても暮らしていける。しかし、食べられる動植物はそんなに多くはないので、食料が不足することはあっただろう。そういうときには、体が大きい個体や、たくさんエネルギーを消費してしまう脳が大きい個体が不利になる。そうして少しずつ、体や脳が大きい個体から死んでいって、遅くとも約70万年前までには小柄な人類へと進化したと考えられる。

しかし、ホモ・フロレシエンシスは約5万年前には絶滅してしまった。なぜ絶滅したのかはわからない。気になるのは、ホモ・サピエンスが約6万5000年前には、オーストラリアに進出していることだ。そして約4万5000年前には、オーストラリアの多くの動物が絶滅している。もちろん、ホモ・サピエンスとは関係なしに、ホモ・フロレシエンシスは絶滅したのかもしれない。だが、ホモ・フロレシエンシスの祖先は、すでに約100万年前にはフローレス島で暮らしていたのだ。それ以来95万年という長きにわたってフローレス島で生きてきたのだ。それなのに、ホモ・サピエンスの進出とほぼ同じタイミングで絶滅してしまったのだ。

これは偶然だろうか。答えはわからないが、ホモ・フロレシエンシスの絶滅と、ホモ・

サピエンスの進出には、何らかの関係があった可能性はあるだろう。考えてみればホモ・サピエンスは、ネアンデルタール人を別にしても、昔から最近までたくさんの生物を絶滅させ続けてきた。私は、日本でトキが絶滅したのをよく覚えている。子供のころ、よくテレビなどで取り上げられていたからだ。だが、トキの他にも絶滅させた生物は山のようにいる。モア、ドードー、マンモス、マストドン、オオナマケモノ、挙げていったらきりがない。ホモ・フロレシエンシスが、そのリストに入らなかった保証はどこにもないのである。

ネアンデルタール人とホモ・サピエンスの交雑

ミトコンドリア・イブの話をしたときに、ミトコンドリアが母系遺伝をすることを述べた。ところで、ミトコンドリアにはもう1つ重要な特徴がある。それは1つの細胞に何百個もあることだ。

人類のDNAは細胞の中の、核とミトコンドリアに存在する。ミトコンドリアDNAは母親からしか受け継がないが、核DNAは母親と父親の両方から受け継ぐ。したがって私たちは、核DNAの遺伝子を2つずつ持っている。私たちの細胞に核は1つしかないが、ミトコンドリアは何百もある。したがって1細胞当たり核DNAは2コピーしかないが、ミトコンドリアDNAは何百コピーもあることになる。

化石中のDNAを調べるのは難しい。その理由の1つは、化石の中にDNAがほとんど残っていないからだ。そのため、化石DNAを調べるには、核DNAよりもミトコンドリアDNAの方がコピー数が多いので有利である。そして、ネアンデルタール人のDNAの解析には、まずミトコンドリアDNAが使われた。

ミトコンドリアDNAを抽出し、塩基配列の決定に成功したという論文は、1997年に発表された。そのときは、ネアンデルタール人とホモ・サピエンスが交雑した証拠は見つからなかった。しかし、技術が進んで、化石中の核DNAを解析できるようになると、驚くべき結果が報告された。

クロアチアは、アドリア海を挟んでイタリアの東にある国である。そのクロアチアのビンデジャ洞窟から、ネアンデルタール人の骨が発掘された。その骨から核DNAが抽出され、塩基配列が決定された。そして2010年には、ゲノムの約60パーセントが決定された。その結果から、ついにネアンデルタール人とホモ・サピエンスが交雑していたことが、明らかになったのである。

ネアンデルタール人は、現在のホモ・サピエンスのうち、アフリカ人とはＤＮＡの変異を共有していなかった。一方、現在の中国人やフランス人とは、ＤＮＡの変異を共有していた。これはホモ・サピエンスが、アフリカを出てからネアンデルタール人と交雑したことを意味している。交雑が起きた場所はおそらく中東で、アフリカ人以外のホモ・サピエンスのＤＮＡの約２パーセントは、ネアンデルタール人に由来していた。さらに、ネアンデルタール人だけでなく、約４万５０００年前のホモ・サピエンスの化石中のＤＮＡを解析した結果も合わせると、両種が交雑した時期は、だいたい約６万年前〜約５万年前であると見積もられた。

少し不思議なのは、ネアンデルタール人からホモ・サピエンスに渡されたＤＮＡの方が、ホモ・サピエンスからネアンデルタール人に渡されたＤＮＡよりも多いということだ。現生人類では、優勢な集団から劣勢な集団へＤＮＡが移動することが多い。それは、優勢な集団の男性が、劣勢な集団の女性に子を産ませて、その子供が母親とともに劣勢な集団にとどまることが多いからだ。さまざまな植民地で起きた、白人から奴隷への遺伝子流動がその例である。ホモ・サピエンスは生き残り、ネアンデルタール人は絶滅したので、私たちはホモ・サピエンスの方が優勢だったと考えがちだ。しかし、そうではなかったのだろうか。

いや、そもそも、そんなことは考えなくてもよいのかもしれない。2つの集団の間で遺伝子が交換されたあとで、片方の集団は拡大し、もう片方の集団が縮小した場合、交換された遺伝子は、拡大された集団に残りやすいからだ。特に絶滅前の数千年間は、ネアンデルタール人の集団は減少し、孤立していった。一部の集団でホモ・サピエンスと交雑が行われても、そこで交換された遺伝的変異は、他のネアンデルタール人の集団には伝わらなかっただろう。

一方、ホモ・サピエンスは人口が増え、集団同士の交流も活発になっていった。そうなれば、交換された遺伝的変異も、いろいろな集団に受け継がれて保存されやすい。ネアンデルタール人からホモ・サピエンスに渡されたDNAの方が、逆向きに渡されたDNAよりも多いことに、この効果がかなり効いていることは間違いない。

ホモ・サピエンスの高度な適応力の謎

ホモ・サピエンスとネアンデルタール人の間に生まれた子供は、両者のDNAを半分ずつ持っている。その子供がホモ・サピエンスの集団に留まって生きていったとすると、さらにその子供では、ネアンデルタール人のDNAは4分の1になる。こうして世代を重ねるごとにネアンデルタール人のDNAは半減していき、多くのホモ・サピエンスのゲノムの中に、ランダムに散らばっていく。

しかし、もともと持っていたホモ・サピエンスの遺伝子より、新しく入ってきたネアンデルタール人の遺伝子の方が有利なら、話は違ってくる。その場合はランダム以上の確率で、ホモ・サピエンスのゲノムの中に広がっていくはずだ。

たとえば体色や体毛に関する遺伝子は、ネアンデルタール人からホモ・サピエンスに高い頻度で受け継がれている。おそらくこれは、寒い環境に適応させる遺伝子だ。ネアンデルタール人が数万年かけて進化させたのだろう。前に、ネアンデルタール人が寒いところに適応した原因としては、衣服や火などの文化の力が大きいだろうと述べた。とはいえ、腕や脚が太くなるなどの遺伝的な寒冷地適応も、ある程度の効果はあるので、進化において有利なのだろう。これは、ホモ・サピエンスにとって、とてもよい話だ。ネアンデルタール人が数万年かけて進化させた形質を、(うまくいけば)たった1回の交雑で手に入れることができるのだから。

ホモ・サピエンスはアフリカを出て以来、さまざまな環境に適応して、世界中に広がってきた。短期間で様々な環境に適応できたのには、もちろん文化の力が大きいだろう。しかし、他の種から役に立つ遺伝子を手に入れることも、ホモ・サピエンスの世界進出にいくらかは役に立った可能性がある。

これは、ネアンデルタール人に限ったことではない。ホモ・サピエンスは他の人類とも交雑し、その遺伝子から恩恵を受けているかもしれないのだ。シベリアにあるデニソワ洞窟から、約5万年前〜約3万年前の人類の歯と手の指の骨が見つかった。化石があまりに少ないので、この人類の形態はまったくわからない。それでもDNAの解析から、この人類はホモ・サピエンスでもネアンデルタール人でもない人類だと判明した。そして、このデニソワ人も、ホモ・サピエンスと交雑していたのだ。

現在のメラネシア人のDNAの約5パーセントは、このデニソワ人から由来したものである。また、東南アジアの現代人もデニソワ人のDNAを持っており、実際の交雑は東南アジアで起きたようだ。デニソワ人の化石はシベリアで見つかっているので、デニソワ人はシベリアから東南アジアにかけての広い範囲に分布していたのだろう。そして、ホモ・サピエンスの免疫に関係する遺伝子や、チベット人の高地適応遺伝子が、このデニソワ人に由来する可能性があるのだ。

結局、遺伝子に関しては、ホモ・サピエンスは他の人類から、いいとこどりをしたようなものだ。それなのに他の人類には、あまり遺伝子を与えなかった。意図してそうしたわけではないけれど、結局私たちは得をしたみたいだ。

終章　人類最後の1種

人類の血塗られた歴史

アウストラロピテクス・アフリカヌスを研究してきた人類学者、レイモンド・ダートは、その行動に関する論文を1949年に発表した。アウストラロピテクス・アフリカヌスの化石と一緒に発見されたヒヒの頭骨がへこんでいるのは、アウストラロピテクスがヒヒを、カモシカの骨で殴ったからだと主張したのである。直立二足歩行を始めた人類は、自由になった手で、骨を武器として使い始めた。そして、武器を使うことによって、脳が大きくなった。ダートは、そう考えたのだ。

その後、アウストラロピテクスの頭骨に、武器で殴られたような跡が見つかると、ダートはさらに考えを進めた。これはアウストラロピテクス同士による争いの結果である。人類はその進化の初期に、武器を仲間同士の争いに使い始めたと主張したのだ。

動物行動学における業績でノーベル賞を受賞したコンラート・ローレンツ（1903〜1989）は、ダートの考えをさらに発展させた。動物は、抑えがたい衝動によって仲間を攻撃する。それは人間にも当てはまる。しかし動物は、攻撃行動を抑制する仕組みを進化させている。たとえば相手に、自分の腹部など弱い部分をさらけ出せば、それ以上の攻撃を相手はやめるのだ。しかし人間は短期間のうちに武器を発達させたために、攻撃を抑制する仕組みを進化させる時間がなかった。そのために人間は、戦争のような異常な殺戮を行うのである。ローレンツはそう、主張したのである。

このような、人類の歴史をいわゆる「血塗られた歴史」とする考えは、現在では誤りとされている。そもそも一番最初の、アウストラロピテクスの化石に対するダートの解釈が間違っていた。化石が壊れていたのは、ヒョウに襲われたり、洞窟が崩れたりしたせいだった。しかもアウストラロピテクスは、基本的には肉食ではなく植物食だったのだ。

狩猟と仲間への攻撃を結びつける考えも、あまり信憑性はなさそうだ。哺乳類を対象にして、同種の個体に殺された割合を見積もった研究があるが、人類においてその割合が跳ね上がるのは、農耕が始まってからである。考えてみれば、狩猟で生活している仲間を殺しても、得るものは少ないだろう。しかし農耕が始まれば、食糧や財産をたくさん持つ仲

図17　「2001年宇宙の旅」の冒頭シーンより。武器として骨を手にした猿人が、人類の祖先として描かれている © Capital Pictures/amanaimages

間も現れる。そういう仲間を殺せば、得るものも大きいかもしれないけれど。

　人類が誕生したのは約700万年前で、私たちホモ・サピエンスが現れたのが約30万年前である。それに比べると、農耕が始まったのはおよそ1万年前なので、本当にごく最近の出来事なのだ。いわゆる戦争が起きた証拠が見つかるのも、農耕が始まったあとである。戦争が始まったことには、人口の増加も大きく影響しているだろう。

　しかし、ダートやローレンツの考えに根拠がないとわかった後も、この人類の「血塗られた歴史」という考えは、人々の心を強く捉え続けた。「2001年宇宙の旅」という映画があるが、その冒頭シーンは、まさにこの考えによって作られている。猿人が骨を振り上げて叩きつける場面は、とても印象的だ。でも、それは映画の中の話であって、事実ではないのである。

ホモ・サピエンスだけが生き残った

約5万年前に、ホモ・フロレシエンシスが絶滅した。約4万年前に、ネアンデルタール人が絶滅した。その前後に、デニソワ人が絶滅した。そして現在、生き残っている人類は、私たちホモ・サピエンスだけになってしまった。もし、私たちが他の人類を虐殺したのでないとすれば、どうしてみんな絶滅してしまったのだろうか。

どうしても私たちには、知能の優れたものが勝ち残るという根強い偏見がある。確かに、私たちは、他の人類よりも頭がよかったかもしれない。そしてそれが、ネアンデルタール人のところで述べたように、私たちが生き残った理由の1つかもしれない。人類は、昔から協力的な社会関係を発展させてきた。特にホモ・サピエンスでは高度な言語が発達して、以前の人類よりも、桁違いに高度な社会を発展させることができた。そういう社会を作れれば、他の人類よりも有利になったことは間違いない。でも、それだけだろうか。

すでに述べたように、結局、生物が生き残るか、絶滅するかは、子孫をどれだけ残せるかにかかっている。だから原因が何であれ、ネアンデルタール人の子供の数より、私たちの子供の数が多かったのは間違いない。子供を産める女性がたくさんいたのかもしれないし、産んだ子供があまり死ななかったのかもしれない。でもそれ以上に、1人の女性がたくさんの子供を産めた可能性が高い。すると、その結果はどうなるだろうか。

ここで大切なことは、私たちがどこでも生きていける生物だということだ。寒くても、暑くても、私たちは平気で生きていける。それには、何でも食べられるといった身体的な強さだけではなくて、衣服のような文化的な工夫も役に立っているだろう。地球は広いけれど、その大きさは有限である。有限な地球上で、どんどん増えていくためには、いろいろな環境で生きられることが必要なのである。

旧ソ連の生態学者であるゲオルギー・ガウゼ（1910〜1986）は、「同じ生態的地位を占める2種は、同じ場所に共存できない」というガウゼの法則を示した。2種のゾウリムシをガラス管に入れると、いつも1種だけが生き残る。しかもガラス管の中の条件を変えると、生き残る種は入れ替わるのだ。

地球はガラス管より大きいけれど、人類が増えることによって、地球は相対的に小さくなった。ホモ・サピエンスとネアンデルタール人は共存できない運命だったのかもしれない。そして、当時の環境によって、生き残る種は入れ替わったのかもしれない。もしもゾウリムシなら、条件にうまく合った方が、どんどん増えて生き残るのだから。

現在、多くの野生生物が、絶滅の危機に瀕（ひん）している。その中には、密猟などで人間に直接殺されて、絶滅しそうな生物もいる。しかし、もっとも多いのは、生息地を人間に奪われて、絶滅しそうな生物だ。地球は有限なのだから、生きていける生物の量には限りがある。ホモ・サピエンスが増えれば、その分、他の生物が死ななくてはならない。どんなに優しい気持ちを持っていても、それは変えることができない真理だ。

野生生物に対して優しい気持ちを持っていても、知らないうちに自然破壊に手を貸している人はよくいる。きっと、私もそうだ。そして、きっと、この本を読んでいるあなたもそうだ。そして、ネアンデルタール人が絶滅したときのホモ・サピエンスも、そうだったのかもしれない。ホモ・サピエンスが増えるということは、地球が狭くなるということだ。イス取りゲームのように、1人が座れば、もう1人は座れなくなるのだ。

もしもホモ・サピエンスが、あらゆる点でネアンデルタール人よりも劣っていたとしても、ホモ・サピエンスの方がたくさん子供を産んでたくさん育てれば、ネアンデルタール人は絶滅するしかないのだ。だから、ホモ・サピエンスの方が、頭がよかろうと悪かろうと、もしもホモ・サピエンスの人口が増えなければ、今でもネアンデルタール人は生きていたのではないだろうか。

暖炉がヒーターに変わり、洞窟が住居に変わっても、あなたの隣の家にはネアンデルタール人が住んでいたかもしれない。言葉は少したどたどしいが、笑ってあいさつをしてくれる優しい隣人だ。計算などは苦手だけれど、ときどきあなたには思いもつかない素晴らしい能力を見せる隣人だ。そのネアンデルタール人のお母さんが、子供を抱いている。あなたはその子の大きな頭を見て、お母さんに話しかける。

「6歳ぐらいですか?」

すると、ネアンデルタール人のお母さんが答える。

「いえ、まだ2歳です」

そこであなたは、思い出す。ああ、そうだった。ネアンデルタール人って、私たちより脳が大きかったんだっけ。

おわりに

私は何も作れない。いま目の前にあるパソコンはもちろん、机もノートも服も作れない。考えてみると、私1人で最初から作れる物など、身の回りに1つもないのだ。でも、それは私だけではない。あなただって1人では、何も作れないのではないだろうか。もしかしたら、あなたは、服を作れると言うかもしれない。でもあなたは、針や糸やハサミや布地や染料まで作れるだろうか。

自分にはとても作れない物で世の中があふれていることが、子供のころには不思議だった。でも大人になって、少しだけその謎が解けてきた。今あなたが読んで下さっているこの本だって、私には作れない。作れないけれど、何とか文章だけは私が書いた。私には、紙を作ることも印刷することも製本することもできないけれど、この本の製作の一部には関わったことになる。1人では本は作れない。2人でも本は作れない。きっと、この本の製作には何百人もの人が、いやもしかしたら何千、何万人という人たちが関わっているだろう。このように、多くの人が力を合わせられることが、人類の特徴だ。

人類は1人では、びっくりするほど何も持っていない。それは昔からそうだった。肉食獣などの敵に出会ったとき、普通の動物だったら3通りの方法で対処する。闘うか、逃げるか、隠れるか、だ。でも私たちには、闘うための牙がない。逃げるために速く走れる脚もない。そして草原で暮らしていれば、登って隠れるための木もなかった。それでも何とか生き延びてこられたのは、みんなで力を合わせたからだ。確かに私たちは、少しは頭がいいかもしれない。それでも、1人で考えられることなんて、たかが知れているだろう。

私たちはライオンには1対1では敵わない。「俺はお前より頭がいいんだぞ。絵も描けるし、計算だってできる。そんな俺を、お前は食うつもりか！」と叫んでも、ヒトは食べられてしまうのだ。でも、100対100ならどうだろう。ライオンは1頭が100頭になっても、力は100倍になるだけだ。でも、ヒトは1人が100人になれば、力は200倍にも300倍にも、いや1000倍以上になるかもしれない。たとえば、1人ではいくら頑張っても折れない木でも、10人で力を合わせれば折ることができる。1＋1が2より大きくなる。それが協力というものだ。

このような協力関係の背景にあるのが直立二足歩行だ。あまりに不便なので、これまで地球上で誰も進化させなかった直立二足歩行を、私たちは進化させた。直立二足歩行が食料を運搬することに関連して進化したのであれば、これが高度な協力関係の土台となったのだろう。そして一旦進化させてみると、結果的に直立二足歩行はいろいろと役に立った。大きな脳を下からバランスよく支えるのにも、直立二足歩行は具合がいいのだ。

でも、脳の増大はそろそろ終わりかもしれない。ネアンデルタール人は私たちより脳が大きかったし、昔のホモ・サピエンスも今の私たちよりは脳が大きかった。数万年前が脳の大きさのピークで、今は下り坂に差し掛かったところのようにも思える。使わなくなった有料アプリを少し整理している時期なのだろうか。

ともあれ、今、私たちはここにいる。他の人類はいなくなってしまったけれど、でもまだ1種残っているのだ。これからも進化の歴史は続いていく。1万年後、私たちはどうなっているのだろう。他の惑星に移住した集団は、別種の人類に進化しているかもしれない。考えることはAIとかに任せて、人類自身の脳はさらに小さくなっているかもしれない。もしかしたら、そのAIに絶滅させられて……いや、そういう未来にはならないと信じたいけれど。

最後に多くの助言を下さったＮＨＫ出版の山北健司氏、そのほか本書をよい方向に導いて下さった多くの方々、そして何よりも、この文章を読んで下さっている読者諸賢に深く感謝いたします。

２０１７年12月

更科　功

校閲　猪熊良子
図表作成　手塚貴子
　　　　原　清人
ＤＴＰ　佐藤裕久

更科 功 さらしな・いさお

1961年、東京都生まれ。
東京大学大学院理学系研究科博士課程修了。博士(理学)。
現東京大学総合研究博物館研究事業協力者。
専門は分子古生物学で、主なテーマは「動物の骨格の進化」。
著書に『化石の分子生物学』(講談社現代新書、
講談社科学出版賞受賞)、『爆発的進化論』(新潮新書)など。

NHK出版新書 541

絶滅の人類史
なぜ「私たち」が生き延びたのか

2018(平成30)年1月10日　第1刷発行
2018(平成30)年3月10日　第4刷発行

著者　更科 功 ©2018 Sarashina Isao
発行者　森永公紀
発行所　NHK出版
〒150-8081東京都渋谷区宇田川町41-1
電話 (0570) 002-247(編集) (0570) 000-321(注文)
http://www.nhk-book.co.jp (ホームページ)
振替 00110-1-49701

ブックデザイン　albireo
印刷　啓文堂・近代美術
製本　二葉製本

Printed in Japan ISBN978-4-14-088541-3 C0245

NHK出版新書好評既刊

NHK出版新書好評既刊

NHK出版新書好評既刊